彩插一　果树水肥一体化施肥系统

彩插二　果树水肥一体化施肥系统

彩插三　果树水肥一体化施肥系统

彩插四　果树水肥一体化施肥系统

新型职业农民书架丛书

果树施肥对与错

魏国强　李枝茂　主　编

中原农民出版社
·郑州·

图书在版编目(CIP)数据

果树施肥对与错/魏国强,李枝茂主编.
郑州:中原农民出版社,2016.1
ISBN 978-7-5542-1340-7

Ⅰ.①果… Ⅱ.①魏… ②李… Ⅲ.①果树-施肥
Ⅳ.①S660.6

中国版本图书馆 CIP 数据核字(2015)第 287242 号

果树施肥对与错
魏国强　李枝茂　主编

出版社:中原农民出版社
官网:www.zynm.com
地址:郑州市经五路 66 号
邮政编码:450002
办公电话:0371-65751257
购书电话:0371-65724566

编辑部投稿信箱:djj65388962@163.com　895838186@qq.com
策划编辑联系电话:13937196613　0371-65788676
交流 QQ:895838186

发行单位:全国新华书店
承印单位:新乡市凤泉印务有限公司

开本:890mm×1240mm　A5
印张:5.75
字数:144 千字　插页:4
版次:2016 年 4 月第 1 版　印次:2016 年 4 月第 1 次印刷

书号:ISBN 978-7-5542-1340-7　定价:19.80 元

丛书编委会

本书编委会

主　编　魏国强　李枝茂

副主编　和爱玲　程泽强　毛　丹　吴中州　莫云安

参　编　杨占平　杜　君　李丙奇　吕志宏　李彦青

席炜立　孙宜根

前言

我国是果品生产和消费大国。随着种植业结构调整步伐的加快,果树产业总体保持平稳较快发展,由供不应求到供求总量基本平衡,品种日益丰富,质量不断提高,产量大幅增长,供应状况发生了根本性改变。名优水果、特色水果、设施水果的有序发展,逐步满足了人们多样化的消费需求。

果树的生长发育、开花结果需要吸收大量的矿质元素。这些矿质元素除一部分来自于土壤自身所含的营养外,还需要人工施肥来加以补充。因此,在果树的栽培管理中,合理施肥、按需配肥、科学用肥是保证果树高产、稳产、优质、高效的一项重要措施。但也有部分果园在施肥过程中出现了一些问题和偏差,不但影响了肥效的发挥,甚至出现了一些负面效果(如肥害、落花、劣果等),生产受损失,效益受影响,品质也下降,影响果品质量,影响果农收入。因此,科学施肥需引起高度重视,合理用肥要加以推广普及。

由于城镇化快速发展,农村劳动力大量转移,果园生产者大部分是老人和妇女,劳动力资源优势在递减,最近几年劳动力价格又成倍增长,而生产中依然沿用传统的种植模式、经验的施肥习惯,劳动强度大、管理成本高、机械化率低,比较效益下降。改变传统施肥方式、应用好测土配方施肥成果、走轻简化生产之路,通过农机农艺结合,推广水肥一体化技术,是实现果树产业可持续发展的重要举措。

本书在吸收多部果树栽培、植物营养与施肥原理指南和手册特点的基础上,结合我国果树产业的实际,以增加果园经济效益和提高果品质量为目标，重点给出常见果树的高产高效施肥原则、技术要点，提出解决施肥中存在问题的关键措施，阐明多种果树的施肥要点和技术重点。关于果树常用肥料的特点，重点介绍了有机肥、氮肥、磷肥、钾肥，并着重指出要在施用足量有机肥的基础上，合理科学的按比例施入三要素肥料。关于果树的营养特点，必须施足基肥，分期施肥意义也很重要，一次性施肥，势必造成肥料的浪费，甚至造成肥害现象。关于果树科学施肥的原则，总结出保证高产高效的优质低耗、优质营养、改土培肥、环境友好等四个原则，需要在实践中熟悉并应用把握。对具体果树种类的科学用肥，着重介绍了苹果、梨树、桃树、葡萄、柑橘等常见的品种，力求面广线宽，可读性好，操作性强。本书可供各级农业技术推广人员、广大果农、果品生产家庭农场主、果品生产专业合作社、肥料经销商等应用。

由于我国幅员辽阔，果树种类多、区域性很强、气候差异大，本书不可能一一覆盖。我们将通过今后的工作不断更新和完善有关参数和技术，争取反映更多样、更先进的施肥用肥技术和生产管理要点。同时，也希望以本书的出版为契机，推动果树科学施肥技术的深入研究和广泛应用，切实提高优质果品产量，增加果园经济效益。

编　者

2015 年 8 月

目　录

肥料是果树的粮食(营养),果树对营养需要有选择。果树有核果、浆果、仁果、坚果等种类,肥料有液体、固体和气体等,不同的肥料种类具有不同的特点……欲知故里内容,请看:

第一章

果树与肥料

第一节 果树的类别

一、果树的概念与生产意义

1. 果树的概念　果实可食的树木,即称果树。果树是能提供可供食用的果实、种子的多年生植物及其砧木的总称。

2. 果树生产的意义

(1)果品的营养保健功能　果品中含有丰富的营养物质,既含有多种维生素和无机盐,也含有糖、淀粉、蛋白质、脂肪、有机酸、芳香物质等,这些是人体生长发育所必需的营养物质。据营养学家研究,每人每年需要70~80千克果品,才能满足人体正常营养需要。

(2)果品的医疗功能　许多果实及种子均可入药,具有医疗功效。如核桃、荔枝、龙眼等是良好的滋补品;梨膏、柿霜常入药;杏仁、桃仁、橘络等是重要的中药材;番石榴能治糖尿病,降低胆固醇。

(3)果树的生态环境效应　果树普遍适应性强,不仅能种植在平原、河流两岸、道路、农村院前屋后,还可以在沙荒、丘陵、海涂等地生长。选栽适宜的果树,不仅增加经济收入,而且可以防止水土流失、增加绿色覆盖面积、调节气候,从而绿化、美化、净化环境。

(4)果树的经济效益　果树是农业的重要组成部分,随着农村产业结构的调整和农产品市场的放开,特别是在丘陵、山地、沙荒等,因地制宜发展果树生产,给农民带来了可观的经济效益。我国具有丰富的果树资源,果树生产在国际市场上具有很强的竞争力,是农产品出口创汇的重要来源。果树还是食品工业和化学工业的重要原料组成,果品除鲜食外,果实还可加工成果脯、果汁、蜜饯、果酱、罐头、果酒、果醋等。有些果实的硬壳可制活性炭,有些果树的叶片、树皮、果皮可提炼染料或鞣料,橘皮、橙花可提炼香精油。许多果树的木材是国防工业、建筑工业和雕刻工艺的优良材料。

二、果树的主要类别

1. 木本落叶果树

(1)仁果类果树　属蔷薇科，包括苹果、梨、海棠、山楂、木瓜等。果实主要由子房和花托共同发育而成，为假果。果实的外层是肉质化的花托，占果实的绝大部分，外、中果皮肉质化与花托共同为食用部分，内果皮革质化。果实内有多粒种子，所以称为“仁果”。

(2)核果类果树　包括桃、李、杏、樱桃等。果实由子房外壁形成外果皮，中壁发育成果肉，内壁形成木质化的果核。果核内一般有一粒种子。食用部分为中果皮。

(3)浆果类果树　包括猕猴桃、树莓、葡萄等。果实多浆汁，种子小而多，分布在果肉中，大多不耐贮藏。该类果实因树种不同，果实构造差异较大。其代表树种——葡萄，果实由子房发育而成，外果皮膜质，中、内果皮柔软多汁。食用部分为中、内果皮。

(4)坚果类果树　包括核桃、板栗、榛子、银杏等。其特点是果实外面多具有坚硬的外壳，壳内有种子。食用部分多为种子，含水分少，耐贮运，俗称“干果”。

(5)柿枣类果树　外果皮膜质，中果皮肉质。枣的内果皮形成果核，食用部分是中果皮；柿的内果皮肉质较韧，食用部分是中、内果皮。

2. 木本常绿果树

(1)柑果类果树　包括柑、橘、橙、柚等。果实由子房发育而成，外果皮革质化，具有油胞，中果皮疏松呈海绵状，内果皮则为多汁的囊瓣。食用部分为内果皮囊瓣。果实大多耐贮运。

(2)其他　包括荔枝、龙眼、枇杷、杨梅、椰子、芒果、油梨等。

3. 多年生草本果树

包括香蕉、菠萝等。

第二节 果树常用肥料的种类与特点

不同肥料具有不同的性质和特点，施入土壤后的转化各异，对果树年周期中各生育阶段的营养作用及其后效也不同。因此，了解和掌握各种肥料的性质和特点，对合理施用和最大限度地发挥肥效至关重要。

一、有机肥料的种类与特点

有机肥是来源于植物或动物残体，提供植物养分兼有改善土壤理化和生物学性质的含碳物料，俗称农家肥料，它是农村中利用各种有机物质就地取材、就地积制的各种自然肥料。它的养分一般要经土壤微生物矿化分解成无机形态，才能被作物吸收。目前已有不少企业开始生产商品有机肥，其腐殖化程度和养分有效性更高，为有机肥的使用带来了更好的前景。

有机肥料种类多、来源广、数量大，最常见的有粪尿肥、堆沤肥、秸秆肥、绿肥、土杂肥、饼肥等种类。

1. *粪尿肥*　粪尿肥是指人和猪、牛、马、羊等畜禽动物的排泄物，含有丰富的有机质和氮、磷、钾、钙、镁、硫、铁等营养元素及有机酸、脂肪、蛋白质及其分解物。使用前必须发酵腐熟，以灭杀虫卵、草籽和有害病原菌。

(1) *人粪尿肥*　人粪是食物经消化未被吸收利用排出体外的部分，主要成分为水分、有机和矿物质。水分一般占70%～80%；有机质占20%左右，主要为纤维素、半纤维素、脂肪、脂肪酸、蛋白质及其分解的中间产物；矿物质含量为5%左右，主要是硅酸盐、磷酸盐、氯化物及钙、镁、钾、钠等盐类。还含有少量具有臭味的物质，如粪臭质、吲哚、硫化氢、丁酸以及粪胆质、色素等，同时还含有大量微生

物,有时还含有寄生虫卵。

人尿是食物经过消化吸收、新陈代谢后排出体外的废液,含有95%左右的水分,其余5%左右为水溶性含氮化合物和无机盐类。新鲜人尿中由于含有酸性磷酸盐和多种有机酸,因而常呈微酸性,但是在贮存时,尿中的尿素水解为碳酸铵以后,就变成微碱性。

人粪尿中的有机质含量不高,但含氮量高,其中氮素有70%~80%以尿素状态存在,易被作物吸收利用,故人粪尿的肥效快。由于人粪尿含氮较多而含磷、钾较少,所以常把人粪尿当作氮肥施用。

(2)家畜粪尿肥　家畜粪的主要成分是纤维素、半纤维素、木质素、蛋白质及其分解产物、脂肪类、有机酸、酶以及各种无机盐类。家畜尿的成分比较简单,全部是水溶性物质,主要是尿素、尿酸、马尿酸以及钾、钠、钙、镁等无机盐类。因为家畜种类、年龄、饲料和饲养管理方法等不同,所以其粪尿的排泄量和养分含量差异很大。一般来说每年每头猪产粪0.4吨、产尿0.6吨,每头牛产粪10.6吨、产尿4.9吨,每只羊产粪0.73吨、产尿0.24吨。

一般猪粪的养分含量较丰富,氮素含量是牛粪的2倍,磷、钾含量均多于牛粪和马粪。只是粪中的钙、镁含量低于其他粪肥。猪粪碳氮比较小,且含有大量氨化细菌,比较容易腐熟。另外,猪粪肥效柔和,后效长。

牛粪粪质细密,含水量高,通气性差,分解腐熟速度慢,发酵温度较低,被称为冷性肥料。牛粪是家畜粪中养分含量最低的一种。氮素含量很低,其碳氮比较大。牛粪的阳离子交换量较大,在有机质含量少的轻质土壤使用,有良好的改良作用。

马粪中纤维素含量高,疏松多孔,通气性好,同时粪中含有数量较多的纤维分解细菌,能促进纤维素的分解,因此腐熟分解快,在堆积过程中发热量大,所以称马粪为热性肥料,一般可作为温床发热材料。有机肥在堆制过程中加入适量马粪,可促进堆肥腐熟。其对改良质地黏重的土壤有显著效果。

驴、骡同属大牲畜,其粪便中纤维素、半纤维素含量较多,疏松孔隙多、透性好。驴、骡尿的养分含量与马尿相似,易分解,肥效快。也属于热性肥料,是高温堆沤肥的好原料。

羊是反刍动物,对饲料咀嚼很细,但羊饮水少,所以粪质细密而干燥,肥分浓厚。羊粪是家畜粪中养分含量最高的一种,尤其是有机质、全氮、钙、镁等物质的含量更高。羊粪比马粪发热量少,比牛粪发热量多,发酵速度也快,因此也称为热性肥料。

兔粪也是一种优质高效的有机肥料,其氮、磷、钾含量比羊粪高,还有驱虫的作用。用兔粪液施在果树及蔬菜根旁,可防止地下害虫的危害。

(3)家禽粪 家禽粪是良好的有机肥料,特别是对于规模饲养的专业户和养殖场,更是一个不可忽视的肥源。家禽粪主要有鸡粪、鸭粪、鹅粪、鸽粪等。其性质和养分含量与家畜粪尿不同,家禽的饲料组成比大牲畜的复杂,如虫、鱼、谷、菜等家禽均可食用,由于其消化道短,营养成分吸收不彻底,加之家禽的粪尿是混合排泄的,因此禽粪中有机质和氮、磷、钾养分含量都远高于大牲畜粪尿,还有1%~2%的氧化钙和其他中微量元素成分。但禽粪中氮多呈尿酸态,不能直接被作物吸收利用,且用量过大易伤害作物的根系,因此禽粪施用前必须经过腐熟处理。

家禽粪也是热性肥料,在堆放过程中易产生高温,而造成氮的挥发损失。在各种禽粪中,以鸡粪、鸽粪的养分含量最高,而鸭粪、鹅粪次之。

家禽粪是农村的一个主要肥源,家禽种类不同排泄量也有差别。一般来说每天排泄量鸡为0.071千克、鸭为0.132千克、鹅为0.194千克。

此外,海鸟粪、蚯蚓粪也都是优质的有机肥料。蚕沙数量虽少,但养分含量较高。蚕沙的主要成分为尿酸盐,氮、钾含量较高,碳氮比也较禽粪略高,且容易分解,发酵腐熟发热量较多,也属于热性肥料。

2.堆沤肥 堆沤肥是利用城乡生活废物、垃圾、人畜粪尿、秸秆

残渣等为原料混合后按一定方式进行堆制或沤制的肥料。堆沤肥的材料按性质可分为三类:①不易分解的物质,如秸秆、杂草、垃圾等,这类物质含纤维素、木质素、果胶较多,碳氮比大,一般在(60～100):1。②促进分解的物质,如人畜粪尿、污水、污泥和适量的化肥。其目的是补充足够的氮、磷、钾营养,调节碳氮比,增加各种促进腐熟的微生物量及活性。在有机物腐解中会产生有机酸,因此有时在堆肥中加入少量的石灰和草木灰,以调节酸度。③吸收性强的物质,主要是加入一些粉碎的黏土、草炭、秸秆或锯末,用于吸附腐解过程中分解出来的容易流失的氮素、钾素营养,保持其养分,形成高质量的有机肥。

(1)堆肥　堆肥是我国农村广泛应用的一种有机肥料,它是农民利用作物秸秆、绿肥、落叶、杂草、垃圾等有机物质,再混入一些人粪尿、家畜粪尿、污水和泥土堆制而成。由于堆肥具有原料广泛、养分齐全、质量好、肥效长等优点,同时具有显著增加农作物产量、改善土壤结构、提高土壤肥力的作用,尽管农业生产中化肥用量不断增加,但堆肥在一些农村地区应用仍相当普遍。

1)堆肥的性质　堆肥属热性肥料,其养分含量全,碳氮比大,肥效持久。腐熟的堆肥颜色为黑褐色,汁液棕色或无色、无臭味,有机质易拉断和变形。

2)堆肥的积制方法　积制堆肥有两种方法,即普通堆肥与高温堆肥。①普通堆肥。普通堆肥是在常温、嫌气条件下通过微生物分解,积制而成的肥料。该方法由于腐熟温度低(不超过50℃),所以有机质分解缓慢,腐熟时间较长,一般需3～4个月。②高温堆肥。高温堆肥,又称速成堆肥,是在通气良好、水分适宜、高温(50～70℃)的条件下,由好热性微生物对纤维素进行强烈分解积制而成的肥料。由于好热性微生物的存在,有机质分解加快。该法又是人粪尿无害化处理的一个主要方法。

高温堆肥与普通堆肥的不同之处在于:高温堆肥在堆制时需设通气塔或通气沟等通气装置,以保持堆内适量的空气,从而有利于好气性微生物的活动。而普通堆肥是在嫌气条件下进行分解。高温堆肥在操作过程中必须接种一定量的高温纤维素分解菌,以便堆腐过程中的高温产生。马粪内含有该菌,因此高温堆肥中常加入适量的马粪。而普通堆肥其腐熟温度却较低。

3)堆肥的腐熟条件　堆肥的腐熟过程是微生物分解有机物的过程,堆肥腐熟的快慢与微生物的活动有密切关系,其腐熟条件与下列因素有关:①水分。堆肥的水分含量以60%～75%为最好,堆肥材料最好事先浸透,一般紧捏堆肥材料时有少量水挤出,即表示含水量适宜。②空气。堆肥保持好气条件,有利于好气微生物的繁殖与活动,从而促进有机质分解。因此,堆积时不宜太紧,也不宜太松。高温堆肥可用通气沟或通气塔等调节其空气。③温度。高温期(55～65℃)约保持7天,以促使高温性纤维素分解菌分解有机质,中温期维持40～50℃若干天,以利纤维素分解,促使氨化作用和养分释放。④酸碱度。大部分微生物适宜pH为6.4～8.1,即中性至微碱性环境下活动。⑤碳氮比。一般微生物分解有机质的适宜碳氮比为25∶1,而日常应用的堆肥材料一般碳氮比较大,生活于其中的微生物由于缺少氮素营养,生命活动不旺盛,分解作用缓慢;当碳氮比较小时,有机原料又大量损失。因此,积制堆肥时应加入适量的人畜粪尿、无机氮肥或碳氮比小的绿肥等原料,以调节出适宜的碳氮比。

4)堆肥腐熟情况判定　堆肥质量高低,可以通过外观评分法进行简易判定,见表1-1。外观评分法综合考虑物理评价指标中各表现特征,结合堆肥操作条件,通过观察堆肥物理性状及堆积情况,对堆肥腐熟度进行百分制评分,从而实现量化判别腐熟情况。评分时,对照下表中各项目标准进行现场评价打分,合计得分在30分以下为未腐熟,31～80分为半腐熟,81分以上为完全腐熟。堆肥腐熟度可以根据实际情况进行判定。

表 1－1　现场腐熟度判定标准

单位:分

颜色	黄至黄褐色(2),褐色(5),黑褐色至黑色(10)
形状	保留实物的形状(2),严重崩解(5),无法辨别(10)
臭气	粪尿味强(2),粪尿味弱(5),堆肥味(10)
水分	用力攥紧从指缝滴出 70% 以上(2),用力攥紧黏住手掌 60% 左右(5),用力攥紧也不黏手 50% 左右(10)
堆积中的最高温度	50℃以下(2),50～60℃(20),60～70℃(15),70℃以上(10)
堆积时间	家畜粪便　5 天以内(2),10～15 天(10),15 天以上(20) 与作物收获残渣的混合物　10 天以内(2),10～30 天(10),30 天以上(20) 与木质材料的混合物　20 天以内(2),20～45 天(10),45 天以上(20)
翻堆次数	2 次以下(2),3～6 次(5),7 次以上(10)
强制通气	无(0),有(10)

注:( )内所示为分数。

5)堆肥的施用　堆肥是一种含有氮、磷、钾三要素的完全肥料,常用作基肥。大量施用堆肥时,应在土壤耕翻前均匀撒开,并随着土壤耕翻入土,做到与土壤充分混合;用量少时,可采用沟施或者穴施,施后覆土。果树施用堆肥,以秋季做基肥效果最好。

(2)沤肥　沤肥是我国南方地区的一种重要积肥方法,是以农作物秸秆、绿肥、树叶等植物残体为主,与垃圾、人粪尿、泥土等混合在一起,在常温、淹水的条件下沤制而成的肥料。在沤制过程中,有机质是在嫌气条件下腐解,因此养分损失少,形成的速效养分多被泥土吸收,肥料质量高,肥效长而稳定。虽然各地沤肥种类、名称不同,但基本上分为凼肥和草塘泥两种。凼肥养分含量大约为:有机质 6.50%,氮 0.18%,磷 0.12%,钾 0.77%,pH 6.9～7.1。草塘泥养分含量大约为有机质 4.96%,氮 0.23%,磷 0.08%,钾 0.33%,pH 7.3～8.2。

3. 秸秆肥　秸秆是农作物收获后的副产品，主要有稻草、小麦秆、玉米秆等。秸秆中含有大量的新鲜有机物料，用作肥料归还于农田之后，经过一段时间的腐解作用，就可以转化成有机质和速效养分。既改善土壤理化性状，也可供应一定的钾、磷等养分。秸秆还田可促进农业节水、节成本、增产、增效，对环保和农业可持续发展都有重要意义。秸秆还田主要有过腹还田、堆沤后还田和直接还田等形式。

（1）过腹还田　过腹还田是利用秸秆饲喂牛、马、猪、羊等牲畜后，秸秆先作饲料，经禽畜消化吸收后变成粪便，然后以畜粪尿施入土壤还田。用秸秆做饲料是一种综合效益很高的模式，农村素有秸秆作粗饲料养畜的传统，大部分仅经切碎至3～5厘米后直接饲喂家畜。随着秸秆处理技术的提高和推广，青贮、氨化等技术已明显加快，秸秆在总饲料中所占比例也越来越大。秸秆过腹还田，不仅可以增加禽畜产品，还可为农业增加大量的有机肥，降低农业成本，促进农业生态良性循环。

（2）堆沤还田　堆沤还田是将作物秸秆制成堆肥、沤肥等，作物秸秆发酵后施入土壤。其形式有厌氧发酵和好氧发酵两种。厌氧发酵是把秸秆堆后、封闭不通风；好氧发酵是把秸秆堆后，在堆底或堆内设有通风沟。经发酵的秸秆可加速腐殖质分解制成质量较好的有机肥（详见堆肥、沤肥）。

（3）直接还田　秸秆直接还田分为翻压还田和覆盖还田两种方法。

翻压还田是指在大田作物收获后及时将作物秸秆粉碎、耕翻入土的还田方式。果园中有结合秋季深翻将秸秆深埋于行间的做法。翻压还田的秸秆经腐解可促进土壤微团聚体的形成，提高土壤孔隙度及含水率，效果优于堆肥，且秸秆附近土壤微生物数量明显增加。而果园多数是覆盖还田，将作物秸秆铺盖于树盘下或行间土壤表面，具有保温、保墒、防止杂草滋生的作用，冬季覆盖对减轻根茎部冻害效果明显。但由于秸秆分解缓慢，对当季作物的肥效较差。

秸秆直接还田需注意的事项:① 秸秆还田量要适宜。一般情况下大田秸秆的还田量在每亩施用200～300千克,还田量过大时秸秆腐烂慢,造成耕作困难,土壤跑墒加重,严重时还能使作物减产;而果园还田一般以覆盖为主,其还田量远高于大田,每亩还田量以1 000千克为宜。② 调节合适的碳氮比。适合微生物生活与繁殖的碳氮比为25∶1左右,而秸秆的碳氮比较高,因此还田时应配施一定量的氮肥,以满足微生物生长的需要,防止微生物与果树争氮,同时也可加速秸秆腐熟分解。

4. 绿肥　不论栽培的植物还是野生的植物,凡是用其绿色体的全部或部分耕翻、掩埋作为肥料均称之为绿肥。我国是利用绿肥最早和栽培面积最广的国家。20世纪80年代以后,绿肥种植面积虽有萎缩,但目前随着人们对绿肥认识的深入,其种植面积有所回升,并向多品种多用途、注重经济效益方向发展。

(1)绿肥的作用　绿肥在果树生产中的作用主要表现在:①能为土壤提供丰富的养分。各种绿肥的幼嫩茎叶,含有丰富的养分,一旦在土壤中腐解,能大量地增加土壤中的有机质和氮、磷、钾、钙、镁和各种微量元素。每1 000千克绿肥,一般可供出氮素6.3千克,磷素1.3千克,钾素5千克,相当于13.7千克尿素,6千克过磷酸钙和10千克硫酸钾。②能使土壤中难溶性养分转化,以利于作物的吸收利用。绿肥作物在生长过程中的分泌物和翻压后分解产生的有机酸能使土壤中难溶性的磷、钾及一些中微量元素转化为作物能利用的有效性磷、钾等。③能改善土壤的物理化学性状。绿肥翻入土壤后,在微生物的作用下,不断地分解,除释放出大量有效养分外,还形成腐殖质,腐殖质与钙结合能使土壤胶结成团粒结构,有团粒结构的土壤疏松、透气,保水保肥力强,调节水、肥、气、热的性能好,有利于作物生长。④促进土壤微生物的活动。绿肥施入土壤后,增加了新鲜有机能源物质,使微生物迅速繁殖,活动增强,促进腐殖质的形成,养分的有效化,加速土壤熟化。⑤保护害虫天敌,利于生物防治。⑥利于果面着色,提高果品品质。

(2)绿肥的种类　根据分类原则不同,有下列各种类型的绿肥:

1)按绿肥来源分　①栽培绿肥,指人工栽培的绿肥作物;②野生绿肥,指非人工栽培的野生植物,如杂草、树叶、鲜嫩灌木等。

2)按植物学科分　①豆科绿肥,其根部有根瘤,根瘤菌有固定空气中氮素的作用,如紫云英、苕子、豌豆、豇豆等;②非豆科绿肥,指一切没有根瘤的,本身不能固定空气中氮素的植物,如油菜、茹菜、金光菊等。

3)按生长季节分　①冬季绿肥,指秋冬播种,翌年春夏收割的绿肥,如紫云英、苕子、油菜、蚕豆等;②夏季绿肥,指春夏播种,夏秋收割的绿肥,如田菁、柽麻、竹豆、猪屎豆等。

4)按生长期长短分　①一年生或越年生绿肥,如柽麻、竹豆、豇豆、苕子等;②多年生绿肥,如山毛豆、木豆、银合欢等;③短期绿肥,指生长期很短的绿肥,如绿豆、黄豆等。

5)按生态环境分　有水生绿肥、旱生绿肥等。

(3)果园常用的绿肥品种　果园常用的绿肥品种有紫云英、苕子、田菁、紫花苜蓿、乌豇豆、鼠茅草、紫穗槐等。

1)紫云英　又名红花草、翘摇等,豆科黄芪属的一年生或越年生草本植物。紫云英固氮能力强,茎叶柔嫩,氮素含量较高,是肥、饲兼用的绿肥品种;南方多在秋季播于稻田中用作早稻的基肥,而北方多春播。种植面积占全国绿肥面积的60%以上,是我国最重要的绿肥作物之一。

紫云英喜凉爽气候,怕渍水,耐旱力较差,适宜于排水良好的土壤。最适宜的生长温度为15~20℃,抗寒力弱,温度降低到0~5℃时易受冻害,宜生长在土壤水分含量为田间持水量的60%~75%、pH 5.5~7.5的较肥沃的壤质土壤上。全生育期230~240天,忌连作;套种时宜接种根瘤菌,特别是未曾种过的田块,接种根瘤菌是种植成功的关键。

紫云英固氮能力强,盛花期每亩可以固氮5~8千克。鲜紫云英养分平均含量为:有机质9.7%,全氮0.40%,全磷0.04%,全钾

0.27%，钙0.14%，镁0.14%，硫0.05%，硅0.08%，铜1.8毫克/千克，锌8.0毫克/千克，铁145毫克/千克，锰10.4毫克/千克，硼3.8毫克/千克，钼0.39毫克/千克。

紫云英在盛花期产草量与含氮量均达到高峰，是翻沤的最佳时期，压青量为1 000～1 500千克/亩。

2）苕子　又名巢菜、蓝花草和野豌豆，豆科巢菜属，一年生或越年生绿肥兼饲草的蔓生草本植物。鲜草一般含水分80%左右，氮0.45%～0.65%，磷酸0.08%～0.13%，氧化钾0.25%～0.43%。苕子喜温凉干燥气候，不耐湿、涝，但有较强的耐盐碱、耐酸、耐旱、耐寒、耐瘠能力。对土壤要求不严，沙土、壤土、黏土都可以种植，适宜的土壤pH 5～8.5，在土壤全盐含量0.15%时生长良好。苕子的抗寒性强于紫云英、箭豌豆，但不同品种间差异较大。我国常用的种类主要有毛叶苕子（长柔毛野豌豆）、光叶苕子、兰花苕子等。其抗寒能力毛叶苕子>光叶苕子>兰花苕子。因此，毛叶苕子能耐-20℃以下的低温，4℃左右即可出苗，主要分布在华北、西北、西南等地区以及苏北、皖北一带，主要品种有土库曼毛苕、徐苕1号、徐苕3号、泸3-1等；光叶苕子抗寒性较差，在黄河以北越冬困难，一般适合我国南方和中部地区种植，主要品种有早熟光苕、桂早苕、云光苕等；兰花苕子不耐寒，通常在0℃左右即易遭冻害，主要分布在南方各省，尤以湖北、四川、云南、贵州等省较为普遍，主要品种有嘉鱼苕、东安苕、油苕、花苕等。

苕子以秋播为主，华北、西北地区也可以春播。适宜的发芽温度为20℃左右，出苗后10～15天根部形成根瘤。分枝盛期一般在返青至现蕾期间。秋播苕子在早春气温2～3℃时返青，气温达15℃左右时现蕾，现蕾期一般在4月中旬到5月上旬。此后进入花期，开花的适宜温度为15～20℃。做越冬绿肥时，应适当早播，华北、西北地区秋播在8月，淮河一带在8～9月，江南、西南地区在9～10月比较适宜。播种量3～5千克/亩。播种时最好基施磷肥（过磷酸钙10～20千克/亩），可大幅度提高鲜草产量。

3)田菁　又名碱青、涝豆、柴子、花香、香松柏、海松柏、青山、青子等,豆科田菁属,一年生或多年生草本植物。最早种植于我国的南方,现早熟品种可在华北和东北地区种植,是一种很好的绿肥,其鲜叶养分含量为:全氮 0.52%,磷酸 0.07%,氧化钾 0.17%。

田菁喜温暖湿润气候,抗盐碱、耐涝渍能力强,在沙壤土和黏壤土上生长繁茂,是改良盐碱地的先锋作物,但苗期不耐旱、不耐涝。播种时间一般在 6 月下旬至 7 月中旬,每亩播种子 1.5~2 千克。亩产鲜草 1 500~2 000 千克。茎秆大而有空隙,为防止影响果园通气透光和茎秆木质化应及时收割。压青或刈割时间,应在花蕾期至初花期,留茬 20~30 厘米刈割,20 天后再割一次压青。

4)紫花苜蓿　又名苜蓿、牧蓿,是多年生宿根性豆科草本植物。不仅可以作为营养价值较高的优质饲料,又能作为绿肥。由于其适应性强、产量高、品质好等优点,素有"牧草之王"之美称。产草量因生长年限和自然条件不同而变化范围很大。播后 2~5 年的,每亩鲜草产量一般在 2 000~4 000 千克。苜蓿的寿命一般是 5~10 年,成株高达 1~1.5 米。

紫花苜蓿喜温暖半干燥性气候,抗寒、抗旱、抗瘠薄能力强,但不耐渍。在年降雨量 250~800 毫米,无霜期 100 天以上,全年≥10℃的积温在 1 700℃以上,年平均气温 4℃以上的地区均可种植。适宜在中性至微碱性土壤上生长,不适应强酸、强碱性土壤,最适土壤 pH 为 7~8,土壤含可溶性盐在 0.3% 以下就能生长。

紫花苜蓿发达的根系能为土壤提供大量的有机物质,并能从土壤深层吸取钙素,分解磷酸盐,遗留在耕作层中,经腐解形成有机胶体,可使土壤形成稳定的团粒,改善土壤理化性状;根瘤能固定大气中的氮素,提高土壤肥力。2~4 年的苜蓿草地,每亩根量鲜重可达 1 335~2 670 千克,每亩根茬中约含氮 15 千克,全磷 2.3 千克,全钾 6 千克。每亩每年可从空气中固氮 18 千克,相当于 55 千克硝酸铵。苜蓿茬地可使后作 3 年不施肥而稳产高产。

紫花苜蓿一般与其他作物间作、套种、混播,可春播、夏播和秋

播，在北方地区，秋播不能迟于8月中旬，否则会降低幼苗越冬率。播种量每亩播种子6.5~8千克，播种深度一般1~2.5厘米。春播苜蓿第一年秋刈割1次；两年后每年可刈割2~3次，初花期为收割的最佳时期，收割的鲜草既可还田又可作饲料。四五年后鲜草产量下降，可耕翻，作绿肥压青一般每亩500~750千克。

5）乌豇豆　又名黑饭豆、黑豇豆，是豆科豇豆属一年生蔓生草本植物。主要分布在长江中下游地区以及淮北、黄河故道以南地区，是一种粮、肥、饲兼用型作物，在坡地上可作覆盖保土之用。适宜粮、棉、肥间套复种，也是果园的优良绿肥之一。

乌豇豆喜温暖湿润气候，耐旱、耐瘠、耐酸及耐阴性均较好，不耐渍。适应性广，对土壤要求不严，在新平整的生土上和瘠薄的酸性红壤上也可以生长，是改良中低产土壤的良好绿肥。

乌豇豆根系发达，根瘤主要分布于侧根上，全生育期80天左右。在短期空闲地或果树行间种植，每亩产鲜草1 000~1 500千克。盛花期鲜草含干物质17%左右，全氮0.42%，磷酸0.037%，氧化钾0.19%；初花期干物含粗蛋白质16.50%，粗脂肪3.77%，粗纤维19.34%，无氮浸出物49.20%，灰分11.18%。

乌豇豆的播种期因种植方式和栽培目的不同而异。果桑茶园种植在5月下旬至6月上旬。播种量条播5~6千克/亩，穴播4~5千克/亩。

6）鼠茅草　鼠茅草有防止土壤流失、补充土壤有机质、抑制杂草的作用（覆盖地面期间长，可长期抑制杂草，保持土壤水分的稳定），增加VA根生菌的栽培效果。鼠茅草是生长最快的早生品种，初级长势好，有利于与杂草进行生长竞争，倒伏或枯死期发生比较早，便于管理作业，与果树的水分、养分的竞争期比较短。

鼠茅草的根系一般深达30厘米，最深达60厘米。由于在土壤中根生密集，在生长期及根系枯死腐烂后，既保持了土壤渗透性，防止地面积水；也保持了通气性，增强果树的抗涝能力。鼠茅草地上部呈丛生的线状针叶生长，自然倒伏匍匐生长，针叶长达60~70厘

米。在生长旺季，匍匐生长的针叶类似马鬃马尾，在地面编织成20～30厘米厚、波浪式的葱绿色“云海”，长期覆盖地面，既防止土壤水分蒸发，又避免地面太阳暴晒，增强果树的抗旱能力。

鼠茅草是一种耐严寒而不耐高温的草本植物。6～7月播种因高温而不萌发。8月播种能够发芽出土，但因高温而死亡。以9月下旬至10月中旬最为适宜，10月下旬播种还能够出苗，但草苗小，越冬困难。翌年3月播种温度比较适宜，但缩短了生长期，需加大肥水。播种前要清除杂草，整平整细地面后，每亩撒种量1.5～2千克；覆土要薄，镇压要轻（铁耙拉一遍即可）；3～4月果树浇水前，每亩撒尿素30千克左右，以促进生长。

果园种植鼠茅草，能够抑制各种杂草的生长，并保持土壤通气性良好，一年内可减少5～6次锄草、松土，节约用工费用。

7）紫穗槐　又名棉槐、紫花槐、穗花槐，豆科紫穗槐属，落叶灌木。其嫩枝叶可作绿肥，养分含量在所有绿肥作物中最高。鲜枝叶含氮1.32%、磷0.3%、钾0.79%，有“铁杆绿肥”之称。当年定植，秋季每亩大约可收青枝叶5 000千克，种植2～3年后，每亩每年可采割1 500～2 500千克，足够供三四亩地的肥料。多有根瘤菌，用于改良土壤又快又好。

紫穗槐适应性强，耐旱、耐寒、耐湿、耐盐碱。一次种植可多年收获，肥效高。

紫穗槐的繁殖方式有三种，即育苗、直播和插条。因其多年生小灌木不宜在果树行间种植，可利用园外的荒坡地、林带、梯田壁、沟谷地种植，特别是在梯田壁种植对其免遭雨水冲刷十分有利。

紫穗槐在果园利用方式上主要是直接刈割，一般株高60厘米时进行，在树下集中压青。2年生以上的一年可刈割1～3次。结果大树每株压青量50～75千克，幼树每株压青量15～25千克。也可以将刈割的茎叶做堆肥或沤肥的材料，腐熟后给果树施用。

除上述常见的绿肥品种外，近年来，陕西不少果农在果园种植油菜，也有很好的效果。7月中旬播种，亩播种子1.5千克，翌年亩产2 000千克左右,10月中旬至11月上旬机械压青。

(4)果园绿肥利用方式

1)就地直接翻压　此种利用方式是采取人工或机械,将绿肥就地直接翻压土中作肥料用。绿肥过早翻压产量低,植株幼嫩,压青后分解快,肥效短;翻压过迟,绿肥植株老化,养分多转移到种子中,茎叶养分含量较低,而且茎叶碳氮比大,在土壤中不易分解,降低肥效。一般豆科绿肥植株适宜的翻压时间为盛花期至落花期;十字花科绿肥植株最好在上花下荚期。翻压前,先将绿肥茎叶切成10~20厘米长,在绿肥种植地面撒施无机磷、钾肥,再行翻压,肥效会更佳。此种利用方式适用于植株匍匐生长或矮小的一年生或越年生的春夏绿肥,如苕子、蚕豆、箭豌豆、乌豇豆、绿豆等。

2)刈割集中沟埋　此种利用方式是于绿肥作物初花至盛花期,采取人工或机械收割其地上部分鲜体,分施于事先开好的施肥沟内,覆土填平。对于密植(宽行窄株)果园,可采取于果树两侧或一侧开30~40厘米的通沟,将绿肥鲜体填入其中(沟的深度视绿肥鲜体的多少而定),再行覆土填平。此种利用方式,既适用于一年生或越年生绿肥作物,更适于多年生或高秆绿肥作物。一般当年刈割1~2次,刈割的留茬高度一般为15~25厘米,以利于茎基部隐芽萌发再次生长,适宜品种为毛叶苕子、紫花苜蓿、白花草木栖、印度豇豆等。

3)树盘覆盖　此种利用方式是于绿肥作物生长至花期,刈割后集中覆盖树盘,覆盖厚度20厘米为宜。在气候较干旱少雨或多风地区的果园,还应在覆盖绿肥上,再撒盖5厘米左右的散土,以防火防风。待到秋施基肥时,将覆盖绿肥残体与其他肥料,一并施入施肥沟中,翌年,再采取同法覆盖,年复一年进行。成年结果的果园或矮化密植园,可全园播种,全园覆盖或集中覆盖树盘。对于新建的幼龄果园,可采取行间覆盖方式。一般多采取行间种植绿肥,就地收割,就地覆盖利用。适于行内种植的绿肥作物有苕子、乌豇豆、印度豇豆、蚕豆、绿豆等。

在成年果园中，还可以采用“苕子自传种”的方式进行覆盖利用，即秋天全园播种苕子，翌年开花结荚，种子自由落地，植株干枯死亡覆盖地表，落地种子秋天又发芽生根，长成幼苗越冬，3～4年翻耕一次，重新播种。此法省工省时，经济有效，果园不用中耕除草，类似国外的“生态果园”，又优于国外的生草管理法，已成为我国近年来建设生态果园的重要措施之一。

4)堆沤利用　此种方式是将果园种植的绿肥作物的鲜体或干茎叶，作为堆肥或沤肥的原材料，让其充分腐烂分解后，施于果树。一般沤肥多用水肥形式作追肥用，而堆肥多用作秋施基肥用。在果园实际生产中，此两种方式并不普遍，原因是较为费工费时，如果用作沼气池中的填充物，仍可被视为一种较好的利用方式。

5. 土杂肥　土杂肥是我国传统的农家肥料，资源广泛、种类繁多、积制容易、肥效好。土杂肥按来源分为泥肥、土肥、草木灰和屠宰废弃物及城乡废弃物等。

(1)泥肥　泥肥是由降水或风等带着表土和有机物汇集到沟、河、坑塘、湖里沉淀并与水生动物的残体及排泄物等腐烂分解融合而成。包括沟泥、塘泥、河泥、坑泥、湖泥等。泥肥富含各种养分，但有地区和来源的差异，养分含量也不相同，其养分平均含量为：有机质4.56%、全氮0.22%、全磷0.13%、全钾1.87%。泥肥是在长期嫌气条件下形成的，养分分解程度较差，速效养分含量较少，属迟效性肥料，可作基肥、追肥，也可与人粪尿、圈肥、绿肥等配合施用。

(2)上肥　上肥包括熏土、炕土、老墙土和地皮土等。

1)熏土　是指用枯枝落叶、秸秆等作燃料，在适宜温度和少氧条件下，将富含有机物质的土块熏制而成，又叫熏肥、火粪、烧土等。熏土pH一般在7.3左右，其养分平均含量为：粗有机质11.6%、全氮0.37%、全磷0.12%、全钾1.20%。熏土可基施或追施，每亩施用量为1 000～1 500千克。

2)炕土　是指我国北方农村的土炕烟道土。炕土的pH一般在7.3左右，其养分平均含量为：粗有机质17.94%、全氮0.50%、全磷

0.13%、全钾1.56%。炕土多用作春季追肥，每亩地施用量为1 000千克左右。

3）老墙土和地皮土　老墙土为拆换下来的各类多年墙土，地皮土则指经人、畜踩踏的地皮老土。老墙土和地皮土平均pH在7.3左右，其养分平均含量为：粗有机质2.8%、全氮0.26%、全磷0.12%、全钾1.55%。

（3）草木灰　植物体燃烧后的灰分称为草木灰，是我国农村零星积攒的一种肥源，也是农家肥中一种重要的钾肥。草木灰成分复杂，凡植物所含的矿质元素，草木灰中几乎都含有。从大量元素看，主要营养成分是碳酸钾，一般含钾6%～12%，其中90%以上是水溶性的；磷次之，一般含1.5%～3%。从中、微量元素看，钙的含量最高，一般在10%甚至更高，还含有镁、硅、硫、铁、锰、铜、锌、硼、钼等营养元素。不同植物的灰分养分含量也有差异，一般来说木本养分含量高于草本作物。

草木灰为碱性肥料，其中的养分易随水流失，应贮存在干燥避雨的地方。不与有机农家肥（人粪尿、厩肥、堆沤肥等）、硫酸铵、硝酸铵等铵态氮肥混存、混用，以免引起铵态氮的损失；也不能与磷肥混合施用，以免造成磷素固定，降低磷肥的肥效；不可与酸性肥料、农药混用。草木灰可作基肥、追肥，基施可采用沟施或穴施的方法，一般每亩施用量为50～100千克；根外追肥时，可用浓度为10%的草木灰浸出液（新鲜草木灰10千克对清水90千克充分搅拌，静置14～16小时后过滤，除渣澄清后即可喷施）或更高浓度进行叶面喷洒。对果树有提升抗旱能力、保护叶片、减轻生理病害和提高品质的作用。

（4）屠宰废弃物　屠宰废弃物主要包括兽毛、蹄角、废血、皮渣、废水等，把屠宰废弃物作为肥料合理利用，可起到减少环境污染，改善城乡卫生的作用。屠宰废弃物属迟效性肥料，不能直接施用，应根据其种类不同经加工腐熟后再作基肥施用。

（5）城乡废弃物　城乡废弃物是指人们在生活和生产过程中产

生的各种废弃物，其种类繁多，经处理可作肥料利用的废弃物主要包括垃圾、污水等。将这些废弃物妥当处理，不但可保护和改善环境，而且可以作肥料利用。

1）垃圾　人们在日常生活中产生的垃圾数量众多，成分复杂，大致可分有机垃圾和无机垃圾两种。无机垃圾中的炉灰和煤渣等，可直接用于改良土壤，适宜在黏土地、涝洼地和盐碱地施用。有机垃圾主要包括厨房的废弃物和植物残体等，不宜直接施用，应先进行堆沤，得到充分腐烂分解后，并使垃圾中的病菌、寄生虫等通过高温杀死，生产出安全无公害的肥料后才可利用。

垃圾作为肥料，必须把其中不能分解的固体物例如砖渣、玻璃等分离出来，防止施用过多，造成土壤物理性质变坏。另一方面长期施用垃圾肥可能导致土壤和作物中的重金属等污染物超标，因此垃圾肥用量应控制在适宜范围内。

2）污水　污水是人们在生活和生产中排出的废水，可分为生活污水和工业废水两种，生活污水指人们在生活过程中排出的各种污水，大多数为阴沟污水、稀人粪尿等；工业废水主要指工矿企业生产中排放的污水。污水均含有一定的营养成分和有害物质，污水中的有害物质会造成环境污染，从而危害人们的健康。但是污水经过处理后农用，既可以为农作物生长提供养分，又可以解决它引起的环境污染问题。

污水的养分含量因来源而不同，生活污水的养分平均含量为：全氮 270 毫克/千克，全磷 30 毫克/千克，全钾 130 毫克/千克；工业污水养分平均含量为：全氮 300 毫克/千克，全磷 8.9 毫克/千克，全钾 89.5 毫克/千克。

用污水灌溉农田时应注意：①污水中含有许多寄生虫卵、细菌和有害物质，由于来源不同，其含量也有差异，施用时必须先进行沉淀或化学处理，净化水质，达到国家规定的农田灌溉水质标准后才可用于灌溉。②污水灌溉的农田要平整，能够使污水均匀湿润，作物平均吸收；灌溉后要及时进行中耕松土，防止土壤板结和盐分上升。③污水含氮较多，磷、钾含量较少，用其灌溉的田块需补施磷、钾肥。果园灌溉污水应注意与清水轮灌或混合灌溉。

6. 饼肥　饼肥是油料作物种子榨油后剩下的残渣，是一种养分全、含量高的优质肥料和饲料。我国饼肥种类较多，主要品种有大豆饼、油菜籽饼、芝麻饼、花生饼、棉籽饼、蓖麻饼、葵花籽饼、茶籽饼、桐籽饼和柏籽饼等。

饼肥中有机质含量丰富，并含有各种营养成分，其中以氮素含量最多，磷、钾次之。油饼里的氮素主要存在于蛋白质中，因此需要经过分解、转变成铵态氮才能被作物吸收利用；油饼里的磷大部分为有机态，但较容易转化；油饼里的钾多为水溶性，易被作物吸收。

饼肥是很好的有机肥料，基施和追施均可。其肥效快慢与土壤的情况和饼粕粉碎程度有密切关系。粉碎程度越高，腐烂分解和产生肥效就越快。

根据饼肥的性质，施用时需注意：①饼肥属热性肥料，在发酵分解过程中产生高温，同时会产生甲酸、醋酸等，使用不当，都会引起烧苗或影响种子发芽，因此饼肥要充分发酵后才能施用。发酵方法：将粉碎的饼肥加入人粪尿，共同堆沤 15 ~ 20 天，使其充分腐熟。饼肥发酵堆的四周和表面要用湿泥严封，不要翻堆，防止铵态氮挥发损失。②饼肥用作追肥时，应在需肥期前 7 ~ 14 天施用，并根据作物需要营养不同，配施一些速效肥料。③饼肥施用量少，提供的有机质有限，同时这类有机质容易分解，且残留在土壤中的腐殖质很少，为了培肥地力，施用饼肥的同时应增施一定量的圈肥或堆肥。

二、化学肥料的种类与特点

化学肥料又称为矿质肥料或无机肥料，是指用化学方法合成或某些矿物质经过机械加工而生产的肥料，有些属工业副产品。主要有氮肥、磷肥、钾肥、矿质肥料及复合肥等。

化学肥料与有机肥料相比较，其优点是：养分种类集中、含量高，适于调配和针对性地快速补充果树营养，且肥效快，增产效果显著，便于贮运和使用方便。缺点是养分单一，不似有机肥料在含有机物质为主的同时，还含有各种大量和微量营养元素，以及某些生理活性物质如维生素、生长素等。其肥效也较有机肥短，使用不当会使土壤某些性质变劣。在农业生产实践中，应大力提倡化肥与有机肥料配合施用，取长补短，充分发挥肥料的经济、社会和生态效益。

1. 氮肥　氮肥是果树生产中需求量最大的化肥品种，它对提高果树产量，改善果品的品质有重要作用。

化学氮肥有多种分类方法：一是按含氮基因进行分类，将化学氮肥分为铵态氮肥、硝态氮肥、酰胺态氮肥和氰氨态氮肥四类，这种方法较为常用；二是根据肥料中氮素的释放速度，可将氮肥分为速效氮肥、缓释氮肥（控释氮肥）。缓释氮肥的性质不同于一般化学氮肥，是当今化学氮肥重要的发展方向之一，故在本章作为一类肥料加以介绍。

现将几类主要氮肥的性质及其合理施用方法介绍如下：

（1）铵态氮肥　凡氮肥中氮素以 NH_4^+ 或 NH_3 形态存在的均属此类，包括液氨、氨水、碳酸氢铵、硫酸铵、氯化铵等。

铵态氮肥一般具有下列共性：①易溶于水，肥效快，作物能直接吸收利用；②肥料中的 NH_4^+ 易被土壤胶体吸附，部分进入黏土矿物的晶层被固定，不易造成氮素流失；③在碱性环境中氨易挥发损失，尤其是挥发性氮肥本身就易挥发，若与碱性物质接触会加剧氨的挥发损失；④在通气良好的土壤中，铵（氨）态氮可经硝化作用转化为硝态氮，易造成氮素的淋失和流失。

1）碳酸氢铵　简称碳铵，含氮量为 17% 左右，分子式是 NH_4HCO_3。碳铵是一种白色或灰白色细小结晶体，以粉状存在，有强烈的刺激性气味。

碳铵的水溶性很好，施入土壤中很容易分解且易被作物吸收，属于速效氮肥。由于它的价格比较低，曾是很受农民欢迎的氮肥。当季作物对碳酸氢铵的利用率只有 25% 左右，其损失主要是由铵分解和氨气的挥发造成的。碳酸氢铵可作基肥和追肥，深施并立即覆土是合理使用的原则。施用深度6～10厘米为宜。水田追肥也可冲施。碳酸氢铵的挥发损失与温度、时间、空气、湿度、暴露面积密切相关。碳铵含水量越多、与空气接触面越大(如散装堆放或包装袋不好)、空气湿度和温度越高,挥发作用越大,其氮素损失越快。所以肥料包装要结实,防止塑料袋破损和受潮;库房要通风,不漏水,地面要干燥;施用时要深施覆土。

碳酸氢铵的合理施用原则和方法有以下几方面:①不离水土和先肥土、后肥苗的施肥原则。即把碳酸氢铵深施入土,使其不离水土,被土粒吸持并不断对作物供肥。深施的方法很多,如作基肥的铺底深施,全层深施,分层深施,作追肥的沟施和穴施等。其中以结合耕耙作业将碳酸氢铵作基肥深施,较方便而工效高,肥效稳定且好,推广面积最大。②避开高温季节和高温时期施用的原则。碳酸氢铵尽量在气温低于20℃的季节施用,一天中则尽量在早晚气温较低时施用,均可明显减少施用时的分解挥发,提高肥效。提倡碳酸氢铵与其他氮肥品种搭配施用,例如将碳酸氢铵作基肥,用于低温季节,尿素、硫酸铵作追肥,用于高温季节。

2)硫酸铵　简称硫铵,分子式为$(NH_4)_2SO_4$,含氮20%～21%;白色或淡黄色晶体,易溶于水,其溶液呈弱酸反应,硫酸铵吸湿性弱,但结块后很难打碎。长期施用硫酸铵会在土壤中残留较多的硫酸根离子,是一种典型的生理酸性肥料。硫酸根在酸性土壤中会增加其酸度,在碱性土壤中与钙离子生成难溶的硫酸钙即石膏,引起土壤板结,需要同时增施有机肥或轮换氮肥品种,在酸性土壤中还可配施石灰。硫也是作物必需养分,但在淹水条件下硫酸根会被还原成有害物质硫化氢,伤害根系,影响根系吸收养分。故应注意改善土壤通气条件,防止产生黑根。

硫酸铵在石灰性土壤中与碳酸钙起作用生成氨气而使氮素挥发;在中性和酸性土壤中,如果硫酸铵施在水田通气较好的表层,铵态氮易经硝化作用而转化成硝态氮,进入深层后因缺氧又经反硝化作用生成氮气和氧化氮气体跑到空气中。所以无论在旱地和水田,硫酸铵都要深施。

硫酸铵也不宜长期露天存放,因长期堆积或受潮后容易结块,而且也会腐蚀包装袋造成散落。在阳光下暴晒,会造成铵分解生成氨气而挥发损失。

3)氯化铵　简称氯铵,分子式为 NH_4Cl,含氮 24% ~25%,为白色或微黄色的晶体,物理性状较好,吸湿性比硫酸铵稍强,结块后易碎。氯化铵易溶解呈微酸性,施用后作物对 NH_4^+ 吸收较多,有 Cl^- 残留于土壤中,因此氯化铵也是生理酸性肥料。

氯化铵能使土壤的两价、三价盐基形成可溶物,增加土壤盐基的流动性,也可增加土壤溶液的浓度,因此不适宜用作种肥。氯化铵残留的氯离子与土壤中钙离子结合形成氯化钙,其溶解度较大,易随雨水或灌溉水排走。所以,在具备一定排灌条件时,氯化铵在酸性和石灰性土壤中均适用,但施肥后应及时灌水,使氯离子淋洗到土壤下层。氯化铵适宜作基肥和追肥。在盐碱地中不宜施用氯化铵,在酸性土壤中施用氯化铵需配合施用石灰,但不能混施,以免引起氨的挥发损失。由于氯化铵中含有氯离子,一些忌氯或对氯较为敏感的作物要避免施用,在果树上如葡萄、柑橘要尽量少用氯化铵;猕猴桃相对需氯较多可以施用;苹果、梨、桃、枣、核桃等幼树期和营养生长阶段可以少量施用。氯化铵以作基肥为主,在同一地块上不能连续大量施用氯化铵,提倡和其他氮肥配合施用,对含氯离子较多的盐土要避免施用。

(2)硝态氮肥　凡氮肥中氮素以硝酸根(NO_3^-)形态存在的均属此类,包括硝酸铵、硝酸钠、硝酸钙、硝酸铵钙和硫硝酸铵等。不同的硝态氮肥所含阳离子种类不一,它们在性质上有一定的差别。

硝态氮肥一般具有下列共性:①易溶于水、溶解度大,为速效性氮肥;②吸湿性强,易结块,空气相对湿度较大时,吸水后呈液态,造成施用上的困难;③受热易分解,放出氧气,使体积剧增,易燃易爆,贮运中应注意安全;④NO_3^- 不能被土壤胶体吸附,易随水流失,所以,水田一般不宜施用,多雨地区与雨季也要适当浅施,以利作物根系吸收;⑤硝酸根可通过反硝化作用还原多种气体（NO、NO_2 和 N_2 等），引起氮素气态损失。

1）硝酸铵　简称硝铵，分子式为 NH_4NO_3，含氮 34% ~35%，其中硝态氮和铵态氮约各占一半。目前生产的硝酸铵有两种，一种是白色粉状结晶，另一种是白色或浅黄色颗粒。

硝酸铵吸湿性强，易结块、潮解，发生“出水”现象。硝酸铵极易溶于水，呈弱酸性反应。硝酸铵与易被氧化的金属粉末混在一起，经剧烈摩擦、冲击能引起爆炸。所以，结块的硝酸铵不能用铁锤敲打，但可用木棒打碎。

硝酸铵在土壤中不留残物，均能被作物吸收，是生理中性肥料。硝酸铵中硝态氮不被土壤吸附，易随水淋失，在土壤缺氧时还易产生反硝化作用，因而在旱地上施用往往好于水田。硝酸铵宜作追肥，一般不作基肥。

2）硝酸钠　分子式为 $NaNO_3$，又名智利硝石。硝酸钠也可利用硝酸进行加工生产。硝酸钠含氮 15% ~16.9%，白色或浅灰色结晶，易溶于水，比硝酸铵稳定，分子中含有的钠，在作物较多吸收 NO_3^- 后残留土壤，故硝酸钠是一种生理碱性氮肥。不宜施于盐碱土，旱地作基肥应适当深施。施用硝酸钠时须注意防止 NO_3^- 流失和 Na^+ 的副作用，注意与其他氮肥及钙质肥料搭配施用。

3）硝酸钙　硝酸钙，分子式为 $Ca(NO_3)_2$，含氮 13% ~15%。常用碳酸钙与硝酸反应生成，是某些工业流程的副产品。我国只有少量用作肥料。

纯净硝酸钙是白色细结晶，肥料级硝酸钙是一种灰色或淡黄色颗粒。硝酸钙极易吸湿，易在空气中潮解自溶，贮运中应注意密封。硝酸钙易溶于水，水溶液呈酸性。硝酸钙在与土壤作用及被作物吸收过程中，表现弱的生理碱性，但由于含有充足的 Ca^{2+} 而不致引起副作用，适用于多种土壤和作物，因含有 19% 的水溶性钙，对果树、花生、烟草等尤其适宜;施用硝酸钙应主要避免 NO_3^- 的流失，同时它的含氮量低，可与其他高浓度的稳定氮肥（如尿素）搭配使用。

(3)酰胺态氮肥　是指肥料中氮素标明为酰铵形态的氮肥，包括尿素及其衍生物如脲甲醛、脲异丁醛、草酰胺等。

尿素化学名称为碳酰二胺，分子式为 $CO(NH_2)_2$，含氮 42% ~ 46%，因其含氮量高、物理性状较好和无副成分等优点，使其成为广大农民喜爱的氮肥品种。普通的尿素为白色针状或棱柱状结晶，无味、无臭，是一种中性肥料。

尿素在造粒过程中温度过高就会产生缩二脲。缩二脲是一种对作物有害的物质，当其含量超过 2% 时就会抑制种子发芽，危害作物生长。国内外公认标准是，尿素中缩二脲含量一般不应超过 1.5%；作种肥不应超过 1%；根外追肥不应超过 0.5%。尿素在常温（气温 10 ~ 20℃）下基本不分解，但遇高温、潮湿气候，也有一定的吸湿性，贮运时应注意防潮，长期贮存会造成尿素结块。

尿素在生产使用时注意事项：①严格控制施用量。如果控制不严会造成利用率低，严重者烧苗进而污染环境。②尿素是一种中性肥料，适合于各种土壤和多种作物，长期施用，不会使土壤变坏，当氮素被吸收以后，剩余的碳酸根仍可以促使不易水溶的其他元素溶解，成为有效的成分。③与铵态氮肥相比肥效比较慢，因此尿素作追肥用要提前施。④尿素施入土壤后的转化产物是碳酸铵和碳酸氢铵，因此，尿素的农业化学性质与碳铵相似，同样也会出现氨挥发损失。

(4)氰氨态氮肥（石灰氮）　主要有石灰氮（$CaCN_2$，学名为氰氨化钙），含氮、钙量大，可调节土壤酸性，补充植物钙素，具有土壤消毒和培肥地力的双重作用。

石灰氮的成分复杂，主要成分为：氮 20% ~ 22%，氧化钙 20% ~ 28%，游离碳 9% ~ 12%，其他杂质 3% ~ 5%（$CaC_2 < 2\%$）。石灰氮不溶于水，吸湿性较好，一旦在潮湿气候下吸湿，会结块硬化，体积增大，引起变质，故石灰氮要注意防潮防水。

石灰氮较适用于酸性和中性土壤，用于碱性土壤时，分解过程中会产生作物不能吸收并难以继续分解的双氰氨，它能抑制硝化作用。

石灰氮施入土壤后的降解过程较复杂，变成有效态氮所需的时间较长，其基本反应是在一定温湿条件下加水分解，经酸性氰氨化钙，游离氰氨而至尿素，然后按尿素的水解方式在土壤中变成氨态氮被作物利用。由于降解过程中会产生少量双氰氨，石灰氮直接施用时只能作基肥，并需在播种或移栽前施用，以防其有毒的中间产物毒害幼苗、幼根。石灰氮也可预先与土杂肥一起堆腐，充分分解后施用，但可能会损失一部分氮素。石灰氮不宜作种肥和追肥。施用石灰氮时要注意对操作人员面部和手的防护。

2. 磷肥　磷肥是指具有磷（P）标明量，以提供植物磷素养分为主要功效的化学肥料。

根据溶解度的不同，磷肥可分为三类：①水溶性磷肥，如过磷酸钙。②枸溶性磷肥，即溶于2%的柠檬酸或柠檬酸铵的磷肥（多参照法国磷肥标准，即磷酸盐在2%柠檬酸中的溶解度，也称枸溶率在75%以上），如钙镁磷肥、沉淀磷肥。③难溶性磷肥，如磷矿粉、骨粉。主要成分是磷酸三钙，需在土壤中逐渐转变为磷酸一钙、磷酸二钙后才能发生肥效。

按加工方法的不同，磷肥也可分为三类：①酸法（又称湿法）磷肥，即由无机酸与磷矿粉作用而成。②热法磷肥，即由磷矿粉经高温而制成。③机械加工磷肥，即由磷矿直接通过机械粉碎。

（1）水溶性磷肥

1）过磷酸钙　简称普钙，是磷酸一钙的一水结晶[$Ca(H_2PO_4)\cdot H_2O$]和40%硫酸钙（又称石膏，分子式为$CaSO_4$）的混合物，含有效磷（以P_2O_5计）12%~20%、游离酸5%左右和硫酸铁、硫酸铝2%~4%。它属水溶性磷肥，深灰色、灰白色或淡黄色粉状物，稍有酸味。普钙因含有硫酸铁、硫酸铝等杂质，水溶性磷会转化成难溶性的磷酸铁、磷酸铝，有效性下降，这个过程又叫普钙退化。普钙中铁、铝含量愈多，温度愈高，贮存时间愈长，退化越严重。其生产方法比较简单，成本低。

2)重过磷酸钙　它约占我国目前磷肥产量的13%,占世界磷肥总产量的15%～20%。重过磷酸钙的成分也是一水磷酸钙和少量游离酸,但基本不含石膏。含有效磷(以 P_2O_5 计)40%～52%,是固体单质磷肥中含磷量最高的。深灰色颗粒或粉状,弱酸性,易结块,腐蚀性和吸湿性较强。重过磷酸钙不含硫酸铁、硫酸铝,不会发生磷酸盐的退化。它浓度高,多为粒状,物理性状好,便于运输和贮存。

(2)枸溶性磷肥

1)钙镁磷肥　目前,钙镁磷肥占我国磷肥总产量的17%左右,仅次于普钙。钙镁磷肥又称熔融含镁磷肥。它是以磷、硅、钙和镁为主要元素构成的多元肥料,无明确的分子式和分子量。其主要成分是高温型的磷酸三钙,钙镁磷肥含有效磷(以 P_2O_5 计)12%～20%;氧化钙25%～30%,氧化铁15%～18%,以及数量不等的硅、镁等氧化物。钙镁磷肥多呈灰白色或灰绿色粉末,溶于弱酸,不溶于水,呈碱性,有效磷不被淋失,无腐蚀性,不吸湿,不结块。

钙镁磷肥除供给作物磷素外,还能改善作物的钙、镁、硅、铁等营养。在磷和中量微量元素都缺乏的地块上施用,其肥效更为显著;施在缺磷的石灰性土壤上当季肥效偏低,但后效较长。

2)磷酸二钙　学名磷酸氢钙,也称沉淀磷酸钙,是磷酸二钙的二水结晶,其分子式为 $CaHPO_4 \cdot 2H_2O$。磷酸氢钙含有效磷(以 P_2O_5 计)21%～27%,呈灰黄或灰黑色粉末。它溶于弱酸,不溶于水,呈中性或弱酸性反应。磷酸氢钙不含硫酸根和游离酸,不吸湿,很少被铁、铝固定,在酸性土壤中肥效常比普钙好。

3)钢渣磷肥　又称碱性炉渣,是炼钢工业的副产品,是由磷酸四钙与硅酸钙组成的复盐,分子式为 $Ca_4P_2O_9 \cdot CaSiO_3$。钢渣磷肥的成分如下:P_2O_5 15%～20%,CaO 40%～50%,SiO_2 6%～9%,MgO 3%～5%,MnO 2%～4%,此外,还含有微量元素Zn、Cu、Co和Mo。但有效磷含量不稳定,市场上多为8%～14%。钢渣磷肥,呈黑褐色粉状,碱性强,不溶于水,溶于弱酸,在石灰质碱性土壤中施用肥效较差。它较适宜在酸性土壤和种植喜钙的豆科作物田中作底肥；与堆肥、厩肥混合施用于种植果树及其他多年生作物的土壤。

4）脱氟磷肥　在高湿高温下，将磷矿中大部分氟脱除，生成可被植物吸收利用的α－磷酸三钙和硅磷酸钙的可变组成体的肥料。有效磷14%～18%，高的可达30%左右，不溶于水，易溶于柠檬酸铵溶液中。脱氟磷肥呈褐色或浅灰色细粉状，微碱性，不吸湿，不结块，便于贮存、运输。在施用上与钙镁磷肥相似，适用于酸性土壤和中性土壤，一般用作基肥。

（3）难溶性磷肥

1）磷矿粉　磷矿粉由磷矿直接粉碎磨细过筛而成，其成分以氟磷灰石为主，还含有羟基磷灰石等。磷矿粉含有效磷（以 P_2O_5 计）从百分之几到百分之几十，大多只溶于强酸，磷矿粉含有少量的枸溶性磷，一般占全磷量的0.5%～5%。不适宜浮选的低品位磷矿可以就地磨细，就地施用。磷矿粉应优先施在缺磷的酸性土壤上。磷矿粉的施用方法与过磷酸钙等水溶性磷肥不一样。一般以撒施为宜，这样可以使磷矿粉的颗粒与酸性土壤充分接触，发挥土壤酸度分解磷矿粉的作用，以提高磷矿粉的肥效。如果土壤有一段闲置时间，则提前施用更有利于提高当季的肥效。

2）骨粉　骨粉是由各种动物的骨骼经蒸煮或焙烧，再磨成粉状而成。质量优者可作家畜的矿物质饲料，质量较差者作肥料。主要成分是磷酸三钙、骨胶和脂肪。不同成品骨粉，若含氮高则含磷低，若含磷高则含氮低，一般含有效磷（以 P_2O_5 计）20%～40%，含氮少于4%。骨粉中的氮素呈蛋白质形态，磷素呈磷酸三钙形态，只溶于强酸，肥效迟缓。骨粉作为磷肥，在北方石灰性土壤中不易被作物吸收利用，肥效甚微；在南方酸性土壤中与农家肥堆沤或一起撒在田里作底肥，有一定的增产效果；如果施在种植有对难溶性磷吸收能力强或多年生作物的土壤中，肥效会更好些。骨粉的有效施用方法与磷矿粉相似。

3. 钾肥　钾肥是指具有钾（K）标明量，以提供植物钾素养分为主要功效的化学肥料。钾肥种类主要有氯化钾、硫酸钾、窑灰钾肥等。

(1)氯化钾　是高浓度的速效钾肥,也是用量最多、使用最广的钾肥品种,分子式为 KCl。其含有效钾(以 K_2O 计)50%～60%,氯化钠约 1.8%,氯化镁 0.8% 和少量的氯离子,水分含量少于 2%。氯化钾一般呈白色或浅黄色结晶,有时因含有铁盐而呈红色。氯化钾物理性状良好,吸湿性弱,溶于水,呈中性反应;属于生理酸性肥料。

氯化钾在酸性土壤中钾被作物吸收,而余下的氯离子与胶体中的氢离子生成盐酸,从而使土壤酸性加强,这样会增大土壤中活性铝、铁的溶解度,加重对作物的毒害作用。所以长期使用氯化钾,也要与农家肥和石灰配合使用,以降低土壤酸性。在石灰性土壤中,氯离子易与土壤中的钙离子结合生成氯化钙。而氯化钙易溶于水,在灌溉或降雨季节会随水排走,不会对土壤结构产生不利影响。氯化钾适合在我国南方施用,因在南方灌溉频繁的情况下,氯化钾残留的氯、钠、镁大部分被淋失,不会对土壤造成危害。氯化钾要避免在忌氯作物和盐碱地上施用。猕猴桃需要较多的氯营养,使用氯化钾有较好效果。

(2)硫酸钾　硫酸钾的分子式为 K_2SO_4,含有效钾(以 K_2O 计)为 50%,硫约 18%。硫酸钾是无色结晶体,吸湿性强,易结块,物理性状良好,施用方便,是很好的水溶性钾肥。硫酸钾也是化学中性、生理酸性肥料。

在酸性土壤中硫酸钾残余的硫酸根会使土壤酸性加重,甚至加剧土壤中活性铝、铁对作物的毒害。在淹水条件下,过多的硫酸根会被还原成硫化氢,使稻根受害变黑。所以,长期施用硫酸钾要与农家肥、碱性磷肥或石灰配合,以降低其酸性;在水田中还应结合排水晒田措施,改善土壤通气状况。在石灰性土壤中,硫酸根与土壤中的钙离子生成不易溶解的硫酸钙,而硫酸钙过多会造成土壤板结,此时应重视增施农家肥;应在忌氯作物上重点施用,如葡萄、甘

蔗等增施硫酸钾，不但能提高产量，还能改善品质。硫酸钾的价位比氯化钾高，且货源少，因此应重点用在对氯敏感及喜硫喜钾的经济作物上，这样效益会更好。

（3）窑灰钾肥　它是水泥工业的副产品。在硅酸盐水泥生产过程中，逸出的窑气要带出一部分灰尘，俗称“水泥窑灰”。由于水泥的原料及其他方面的差异，其成分含量变化较大。窑灰钾肥一般含有效钾（以 K_2O 计）8% ~15%，其中 95% 左右为有效钾。水溶性钾约占 40%，成分为氯化钾、硫酸钾、碳酸钾等；弱酸溶性钾占 55% 左右，成分为铝酸钾、硅酸钾等；难溶性钾约占 5%，作物不能吸收。此外，窑灰钾肥还含二氧化硅 15% ~18%，氧化铝 6% ~12%，氧化钙 35% ~40%，氧化铁 2% ~5%，氧化镁 1% ~1.5% 等成分。它是灰黄色或灰褐色粉末，碱性强，pH 9 ~11，易吸湿、易结块。

窑灰钾肥是含有多种营养元素的碱性肥料，适用于酸性土壤上的果园，因含钙量较高，施用后对减轻因缺钙而产生的缺素症，如对苹果的痘斑病、苦痘病等有一定效果。

4. 钙肥　具有钙（Ca）标明量的肥料。常用的钙肥有生石灰、消石灰（熟石灰）、白云石等。石膏及大多数磷肥，如钙镁磷肥、过磷酸钙等和部分氮肥如硝酸钙、石灰氮等也都含有相当数量的钙。

钙肥效果与土壤类型有关。在缺钙土壤施用石灰，除可使植物和土壤获得钙的补充外，还可提高土壤 pH，从而减轻或消除酸性土壤中大量铁、铝、锰等离子对土壤性质和植物生理的危害。石灰还能促进有机质的分解。石灰施用量因土壤性质（主要是酸度）和作物种类而异，多用作基肥，一般亩用 40 ~80 千克，常与绿肥作物同时耕翻入土，但施用过多会降低硼、锌等微量营养元素的有效性和造成土壤板结。一般南方酸性土壤缺钙需施钙肥，而北方的土壤很少缺钙，一般很少施钙肥，但是盐碱地一些容易出现生理性缺钙的土壤也需要施用钙肥。旱地红壤等酸性强的土壤施用石灰效果较好，应多施。微酸性和中性土壤少施或不施。沙壤中，石灰用量应适当减少。石灰呈强碱性，不宜使用过量，且必须施用均匀，采用沟施，穴施时应避免与种子或根系接触。施用石灰必须配合施用有机肥和氮、磷、钾肥，但不能将石灰和人畜粪尿、铵态氮肥混合贮存或施用，也不要与过磷酸钙混合贮存和施用，以免造成铵态氮的挥发损失。

土壤 pH 在 9 以上时，就应施用石膏，一般认为，交换性钠占土壤阳离子总量的 5% 以下时不必施用石膏，占 10% ~20% 时应该施用，大于 20% 时必须施用。磷石膏是磷酸铵肥料厂的废弃物，在碱地上施用效果良好，不仅变废为宝，而且有利于农作物增产。每亩石膏用量一般在 100 千克左右，磷石膏用量在 150 ~200 千克，基施深翻。一般两年 1 次，不再重施，因为石膏溶解度小，有效期长。

5. 镁肥　具有镁(Mg)标明量的肥料。施入土壤能提高土壤供镁能力。镁肥分水溶性镁肥和微溶性镁肥。前者包括硫酸镁、氯化镁、钾镁肥、硝酸镁；后者主要有磷酸镁铵、钙镁磷肥、白云石粉和菱镁矿。

镁肥肥效与土壤中有效镁含量有密切的关系，土壤酸性强、质地粗、淋溶强，土壤母质中含镁少以及过量施用石灰或钾肥的土壤容易缺镁。镁肥施用量因土壤作物而异，一般每亩施纯镁 1 ~2 千克。硫酸镁、硝酸镁可叶面喷施，缺镁果园底肥和追肥一般每亩施硫酸镁 5 ~10 千克，每株 50 ~75 克，叶面喷施树冠在萌芽后或叶片幼嫩期，溶液浓度为0. 2% ~0.3% 。酸性土壤缺镁时，施用碳酸镁、菱镁粉、白云石粉效果良好；碱性土壤缺镁时宜施氯化镁或硫酸镁。

同一种作物，产量和生物量高的品种容易缺镁，应优先考虑施镁肥。缺镁土壤施用的氮肥形态对作物镁素营养也有一定影响，作物缺镁程度随下列氮肥形态次序逐渐减轻：硫酸铵、尿素、硝酸铵、硝酸钙。镁肥作基肥，土壤追施或喷施均可。化学镁肥与有机肥配合施用效果好于单独施用。

6. 硫肥　具有硫(S)标明量，并以提供植物硫素营养和作为碱性土化学改良剂的肥料。单纯作硫肥施用的品种不多，主要有石膏和硫黄，而许多是含硫的氮磷钾化肥如硫酸铵、过磷酸钙、硫酸钾、

硫酸镁、硫酸钾镁肥、硫酸亚铁、硫酸锌、硫酸铜和硫酸锰等。硫肥除可以为作物补充硫元素外，还有改善土壤性质的作用。如施用硫黄粉或液态二氧化硫肥可降低石灰性土壤的 pH，从而增加土壤中磷、铁、锰、锌等元素的有效性；石膏施于碱土时，其中的钙离子可代换出土壤胶体中的钠离子，形成硫酸钠盐（Na_2SO_4），随水排出土体，从而降低土壤中交换性钠的含量，减轻钠离子对作物的危害。硫肥多作基肥用，施用量因土壤、作物而异。每亩以施用 10～15 千克石膏或1.5～2.5 千克硫黄为宜。

7. *微量元素肥料*　微量元素肥料是指含有 B、Mn、Mo、Zn、Cu、Fe 等微量元素的化学肥料。常用的微肥除化学肥料（如硼砂、硫酸锌、硫酸锰等）外，还有整合肥料、玻璃肥料、矿渣或下脚料等，通常都用作基肥和种肥。施用时要根据作物和微肥种类而定，不同土壤的供磷水平、有机质含量、土壤熟化程度以及土壤酸碱度等因素的不同而施用方法不同，一般用量不大。

作物对微量元素的需要量很少，而且从适量到过量的范围很小，因此要防止微肥用量过大。土壤施用时还必须施得均匀，浓度要保证适宜，否则会引起植物中毒，污染土壤与环境，甚至进入食物链，有碍人畜健康。微量元素的缺乏，往往不是因为土壤中微量元素含量低，而是其有效性低，通过调节土壤条件，如土壤酸碱度、氧化还原性、土壤质地、有机质含量、土壤含水量等，可以有效地改善土壤的微量元素营养条件。微量元素和氮、磷、钾等营养元素都是同等重要、不可代替的，只有在满足了植物对大量元素需要的前提下，施用微量元素肥料才能充分发挥肥效，表现出明显的增产效果。

8. *复混（合）肥料*　复混（合）肥料是复合肥料和混合肥料的统称，由化学方法或物理方法加工制成。生产复混肥料可以物化施肥技术，提高肥效，并能减少施肥次数，节省施肥成本。

复混（合）肥料是指氮、磷、钾三种养分中至少含有两种的肥料，含两种营养元素的称二元复混肥料，含三种营养元素的称三元复混肥料。复混（合）肥料按其制造方法可以分为化成复合肥、配成复合肥、混成复合肥。

(1)化成复合肥　化成复合肥是在一定工艺条件下,利用化学合成或化学分离等加工过程而制成的具有固定养分含量和配比的肥料。养分含量和配比决定于生产过程中的化学反应及化合物的组成。具有养分含量较高,分布均匀,杂质少,成分和含量不变的特点。化成复合肥有很多品种,常见的氮磷复合肥有磷酸铵、液体磷酸铵、偏磷酸铵、氨化过磷酸钙、硝酸磷肥,氮钾复合肥有硝酸钾,磷钾复合肥有磷酸二氢钾,常见的氮磷钾复合肥有磷酸氢钾铵。

三元复合肥料一般都是在生产二元复合肥料过程中添加第三种元素而形成的,它们的主要品种有硝磷钾肥、铵磷钾肥等。

1)硝磷钾肥　硝磷钾肥是在用混酸法制硝酸磷肥的基础上增加钾盐而制成的三元复合肥料。一般氮、磷、钾的比例为1∶1∶1,其中氮、钾都是水溶性的速效养分,磷有30%～50%为水溶性,70%左右为枸溶性。硝磷钾肥为淡黄色颗粒,有吸湿性,果树膨果期单独或配合钾肥施用都有很好的效果。

2)铵磷钾肥　铵磷钾肥是用硫酸钾和磷酸盐按不同比例混合而成的三元复合肥料。物理性状良好,易溶于水,易被作物吸收利用,可以用作基肥,也可作早期追肥。因是不含氯的混合肥料,目前主要用在忌氯果树上,施用时可根据需要选用其中一种适宜的养分比例。

(2)配成复合肥　配成复合肥是采用两种或多种单一肥料经过一定的加工工艺重新造粒而成的含有多元素的复合肥。配成复合肥在加工过程中发生部分化学反应,其养分元素比例按照农艺配方的需求相对比较稳定,有固定的比例。也可根据农作物的需要配成氮、磷、钾比例不同的作物专用复合肥。该种肥料具有养分分布均匀,物理性状好,可根据需要更换配方的特点。根据其性质可将配成复合肥分为以下10种类型:

1)高浓度复混肥　氮、磷、钾总养分含量大于40%。其特点是养分含量高,适合于机械施肥。

2）中浓度复混肥　氮、磷、钾总养分含量在30%～40%。中浓度复混肥是对高浓度复混肥和低浓度复混肥的调节。

3）微生物复混肥　是由具有特殊效能的微生物经过发酵而成的，含有大量有益活微生物，如固氮菌、磷细菌、钾细菌等，对作物有特定肥效或既有肥效又有刺激作用的特定微生物制品。其特点是利用微生物的生命活动使那些难以被作物吸收利用的物质转化为可吸收利用的营养，从而改善作物的营养条件，提高产量，改善农产品品质。有些微生物肥料兼有刺激作物生长或抗病性的作用。

4）含菌复混肥　是在生产复混肥过程中加入一些有益的微生物菌剂的肥料。含菌复混肥是微生物复混肥中的一种，它所含的菌种与一般微生物复混肥中的菌种不同，可根据需要加入一种或多种有益菌。例如可加入单一固氮菌、磷细菌、钾细菌、抗生菌、增产菌、酵素菌等，也可加入两种或多种复合菌，利用其大量繁育和扩散活性，使土壤中难以被作物利用的营养元素活化，或将空气中的氮素更多地固定在土壤中，从而改善农作物的营养条件，增强其抗病能力。

5）氨基酸生物复混肥　在生产复混肥的过程中加入一些生物的氨基酸，而这些氨基酸对植物有刺激作用，即当这种肥料施入土壤后，不仅能促进植物根系的发育，而且还能增强作物的抗旱性，防止作物发生病害。

6）腐殖酸复混肥　将腐殖酸与化肥混在一起生产的复混肥称腐殖酸复混肥。腐殖酸包含有黄腐酸、褐腐酸，它们可以对植物的根系生长起到促进作用，刺激作物生长，增强抗逆能力，改良土壤。

7）含稀土复混肥　稀土复混肥是将稀土制成固体或液体的调理剂，以每吨复混肥加入0.3%的硝酸稀土而生产出来的复混肥。施用含稀土的复混肥不但可促进植物营养代谢，促进光合作用，提高产量，改善品质，而且还可以活化土壤中一些酶的活性，对作物的根系生长有一定的促进作用。

8）沸石长效复混肥　以沸石粉作为添加剂生产出来的复混肥。

9）专用复混肥　是针对不同作物对氮、磷、钾的需求规律而生产出不同氮、磷、钾含量和比例，以适合不同作物生长特点的肥料。

10）通用型复混肥　是指肥料生产厂家为保持常年生产或是在不同的用肥季节交替时而加工的产品。其氮、磷、钾的比例相对稳定。

（3）混成复合肥　混成复合肥，也称掺混肥，是将已经加工成的两种或两种以上的颗粒肥料（单质肥料、化成复合肥、配成复合肥）根据农作物的需要和当地土壤情况掺混而成的，该肥料在掺混过程中一般不破坏原来的颗粒形状，且无化学反应发生，无固定的配比结构。掺混肥的随机性大，其浓度可高可低，养分配方具有更好的灵活性，成品可散装，也可袋装。另外，还可根据农户的需要配成含有三种元素甚至含一些微量元素的多元掺混肥，更能满足作物的需要，适合在不同地块、不同作物上推广应用。掺混肥料要求随掺随用，掺后不能积压，掺混的不同物料的颗粒要尽量一致。一般要求掺混肥料的各种基质化肥颗粒直径为2～4毫米，以免在运输和施用过程中因颗粒大小不一而分层，造成施肥不匀。

三、微生物肥料的种类与特点

微生物肥料，又称菌肥、菌剂、接种剂等，是农业生产中使用的肥料制品中的一种，与化学肥料、有机肥料、绿肥的性质不同，它是利用微生物的生命活动使农作物得到特定的肥料效应，从而促其生长茁壮和产量增加的一类肥料。微生物肥料有增进土壤肥力，固定大气氮素供作物利用，提高农作物吸收营养的能力，增强植物抗病和抗旱能力，降低生产成本，有利于环境保护等作用。随着现代农业中大力倡导绿色农业（无公害农业）、生态农业，微生物肥料将会在农业生产中扮演着越来越重要的角色。

微生物肥料的种类很多，按微生物肥料的功效可分为两类：一类是利用其中所含微生物的生命活动，增加植物营养元素的有效供应量，包括土壤和生产环境中植物营养元素的供应总量和植物营养元素的供应量，从而改善植物的营养状况，增加产量。这一类微生物肥料的代表品种是根瘤菌肥。另一类是通过其中所含的微生物的生命活动,不仅提高植物的营养元素供应水平,而且还通过它们所产生的植物生长刺激素对植物产生刺激作用,促进植物对营养的吸收作用,或者是拮抗某些病原微生物的致病作用,从而减少作物发生病虫害,增加其产量。按微生物肥料制品中特定的微生物种类可分为细菌肥料、放线菌肥料、真菌类肥料等。按其作用机理分为:解磷菌肥料、解钾菌肥料等。按照其制品内所含成分则可分为单纯的微生物肥料和复合(或复混)微生物肥料等。

1. *解磷菌肥料* 磷细菌是指具有将难溶性的磷化合物转化为有效磷能力的一些细菌。解磷细菌肥的生产与一般微生物肥料的生产相同,主要是固体吸附剂型。

解磷菌肥料可用于各种作物,可以用作种肥、基肥和追肥。一般用量为0.5~1.5千克/亩。在实际应用中,宜用在缺磷而有机质丰富的土壤上,若与磷矿粉混合施用,效果更显著。如果能结合堆肥使用,即在堆肥中先加入解磷微生物,发挥其分解作用,然后再将堆肥翻入土壤,效果更好。

2. *硅酸盐细菌肥料* 硅酸盐细菌,又名钾细菌,能强烈分解土壤中硅酸盐类的钾,使其转化为作物可利用的有效钾。硅酸盐细菌肥料按生产剂型不同可分为液体菌剂和固体菌剂两种。

硅酸盐细菌肥料可作基肥、种肥、追肥或用来蘸根,其中以基肥施用的效果最好。作基肥沟施或条施3~4千克/亩,施后覆土。若与有机肥料混施,效果更好。

3. *抗生菌肥料* 抗生菌肥料是根据抗生菌生长的要求,利用有机肥料、农副产品及肥土等配料混合培养而成的,其中包含活的抗生菌及其分泌物质抗生素和刺激素。合理施用抗生菌肥料,果树可增产10%~20%。

目前我国作为肥料推广的有五四〇六抗生菌肥料,它是以细黄链霉菌为菌种生产的。五四〇六抗生菌肥的作用:①抗病作用。五四〇六抗生菌可产生两种抗生素,一种能杀灭真菌,另外一种能杀灭细菌。因此,抗生菌肥料可减轻果树根腐病、根瘤等危害。②生长刺激作用。五四〇六抗生菌能分泌激素物质,且该物质能刺激果树根系生长,增强根系吸收能力。③营养作用。五四〇六抗生菌在繁殖中产生有机酸,能将土壤中难溶性磷转化为有效磷,促进作物吸收利用。

四、新型肥料的种类与特点

1. 缓释肥料　又称控释肥料,指所含的氮、磷、钾养分能在一段时间内缓慢释放并供植物持续吸收利用的肥料。缓释肥料具有以下优点:①使用安全。由于它能延缓养分向根域的释出速率,即使一次施肥量超过根系的吸收能力,也能避免高浓度盐分对作物根系的危害。②省工省力。肥料通过一次性施用能满足作物整个生育时期对养分的需要,不仅节约劳力,而且降低成本。③提高养分效率。缓释肥料能减少养分与土壤间的相互接触,从而能减少因土壤的生物、化学和物理作用对养分的固定或分解,提高肥料效率。④保护环境。缓释肥料可使养分的淋溶和挥发降低到最低程度,有利于环境保护。因此,缓释肥料日益引起人们的重视。当前,世界各国都在相继开发缓释肥料新品种和制肥新工艺,以求降低肥料价格,同时达到肥料中养分的释放速率与土壤供肥和作物需求同步。

根据生产工艺和农业化学性质,缓释肥料主要可分为化成型、包膜型和抑制剂添加型三种。

(1)化成型缓释肥料

1)脲甲醛　脲甲醛是全球第一个商品化生产的缓释肥料,是由尿素与甲醛缩合而成的白色、无味的粉状或粒状固体物质,主要成分是甲基脲的聚合物,含氮38%～40%,其中冷水溶性氮占4%～20%,冷水不溶性氮占20%～30%,热水不溶性氮占6%～25%。

2)丁烯叉二脲　又称脲乙醛,由乙醛缩合为丁烯叉醛,在酸性条件下与尿素缩合而成的异环化合物。丁烯叉二脲含氮为31%,其中尿素态氮小于3%,为白色粉状或黄色粒状物,不吸湿,不结块,室温下在水中的溶解度仅为0.6%。热稳定性良好,在150℃条件下不会分解，因此能与尿素、过磷酸钙、硫酸钾和氯化钾等肥料混合造粒。

3）异丁叉二脲　又称脲异丁醛。为白色粉状或粒状固体，含氮31%～32%，氮素活化指数为96，不吸湿、不结块，室温下溶解度很小，100克水中仅能溶解0.01～0.1克氮，热稳定性好，可与其他化肥混合使用。

4）三缩脲　三缩脲是一种理想的缓释肥料，在土壤中，三缩脲可在6～12周逐步分解而放出它的全部氮量，这与一些作物生长的需要相适应。

5）草酰胺　草酰胺是一种白色粉状，不易吸湿结块，含氮31.8%，微溶于水。施入土壤后可直接水解为草胺酸和草酸，并释放出氢氧化铵。草酰胺对玉米的肥效与硝酸铵相似，呈颗粒状时则释放缓慢，肥效优于脲醛肥料。

6）磷酸铵镁　磷酸铵镁是一种枸溶性的缓释氮磷复合肥料，纯品为含有1个或6个结晶水的白色固体，市场上所销售的商品肥通常是磷酸铵镁一水化合物，标准晶级含氮8%、五氧化二磷40%、氧化镁25%。

7）硅酸钾肥　硅酸钾肥具有如下优点：①硅酸钾不易被雨水溶脱，与氯化钾和硫酸钾相比，长期施用也不会造成土壤酸化、板结。同时其肥效成分（氧化钾、二氧化硅、氧化镁、氧化钙等）呈微溶性，既能被较好地平衡吸收，又能减少淋失。②硅酸钾中的二氧化硅能被果树很好吸收。③硅酸钾能有效地保持果品的新鲜度。④硅酸钾比其他钾肥更有利于作物根部生长，由于硅酸钾肥中的钾以硅酸盐形态存在，能被作物缓慢地吸收，故能促进果树的根良好发育。

（2）包膜型缓释肥料　包膜型缓释肥料是在速效粒状肥料表面涂上一层疏水性的物质，形成半透性或难溶性的薄膜，以减缓养分释放速度的肥料。常用的包膜材料有硫黄、磷酸盐、石蜡、沥青等。

1）包膜尿素　通过向普通尿素表面涂覆一层薄膜，使制得的缓释尿素溶解速度变低。这类尿素种类很多，人们主要研究如何选择具有良好阻溶性能且价格低廉的包膜材料。

就工艺而言有两种,一种是在尿素颗粒固化的同时向尿素颗粒上喷涂包膜材料的溶液,借其固化热蒸发溶剂,使包膜材料附着在颗粒表面;另一种是在尿素上喷包膜溶液,然后进行干燥固化。两种工艺均不需要复杂设备。按所用材料的性质可将包膜分为以下三类:①半透水性膜。它主要是以减少尿素与水分的接触机会来控制其溶出速度。②微生物不能分解的膜。这类膜不能被微生物分解,养分只有通过膜的裂缝、微孔等渠道释放出来,而这些裂缝、微孔的多少直接取决于膜材料性质,膜的厚度及加工条件,它决定氮素的溶出速度,这类包膜材料多为聚合物。③微生物分解或降解的不透水性膜。这类膜能被土壤中的微生物分解,因而其有效成分的溶出取决于膜的厚度及加工工艺、土壤微生物的多少、温度等因素。常见的这类包膜材料有硫黄、尿醛缩合物等。如硫包尿素,即在尿素表面涂以硫黄,用石蜡做包衣。该肥含氮34%,硫黄包膜占7%~12%,石蜡封面占2%。施入土壤后,在微生物的作用下,使包膜中的硫逐步氧化,颗粒分解而释放氮素。长期使用硫包尿素会导致土壤酸化。

2)包膜复混肥　是以粒状速效肥料(如尿素、碳酸氢铵、硝酸铵、钾肥等)为核心,以枸溶性的钙镁磷肥(或其他类型的枸溶性磷肥)为包裹层,根据不同作物的需要,在包裹层中加入钾肥、微肥及其螯合剂、氮肥增效剂、农药(如杀虫剂、除草剂)等物质,以有机酸复合物和缓溶剂为黏结剂包裹而成的一种新型肥料。调节包裹层的组成、厚度和黏结剂,可制成适于多种作物的专用型复合肥料。

(3)抑制剂添加型缓释肥料　抑制剂添加型缓释肥料主要有硝化抑制剂、脲酶抑制剂两类,它们都是氮肥增效剂类型,具有降低氮素损失、增加氮肥肥效的作用。

推广氮肥增效剂如硝化抑制剂、脲酶抑制剂,是一条提高氮肥利用率十分有效的途径。抑制微生物活性的氮肥增效剂应具备以下条件:①抑制效率高和较好的选择性。能有效地抑制硝化菌和脲酶等活性，而对其他微生物的存在无影响。②在土壤中能缓慢地自行分解，有适宜的时效，既能保持土壤中微生物群的生态平衡，又能控制供氮过程与植物需肥规律同步。③长期使用安全，在土壤中无积累，不产生污染，作物和农产品中无残留、无毒害。④有较好的、稳定的物化性能，易与氮肥混配，使用方便。⑤与各种氮肥、农药等混配使用时，不改变增效剂的质量，不影响各自的有效性能。⑥来源广，成本低。

2. 叶面肥　作物吸收养分主要通过根系来完成，但叶片同样具有吸收功能，由于土壤对养分的固定，加上根系在生长后期的吸收功能衰退，因此为了保持作物在整个生育期的养分平衡吸收，叶面施肥作为一种强化作物营养的手段，逐渐在农业生产中被广泛应用。

(1)叶面肥的构成　一个完整的复合叶面营养液，通常由以下几个基本部分组成：

1)大量营养元素　一般占溶质的60%～80%，主要由尿素和硝酸铵配成，硫酸铵等一般不用作氮源。

2)微量营养元素　一般加入量可占溶质的5%～30%。将微量元素用于叶面喷施，效果明显高于等量根部施肥。通用型复合营养液常加入5～8种中量元素和微量元素(如硼、锰、铜、锌、钼、铁、镁、钙等)；专用型复合营养液大都加入对喷施作物有明显效果的2～5种微量元素，或可对其中1～2种适当增加用量。

微肥的肥效与微量营养元素的形态关系密切，微量营养元素在叶面肥中必须是稳定的和可溶解的。金属络合物或螯合物可增加微量营养元素的稳定性和移动性，因此金属螯合物比普通无机酸盐肥效高，所需用量也少得多。但是因为工业有机螯合剂价格较高，各国大多利用腐殖酸、氨基酸等天然有机整合剂制成微量营养元素螯合物，成本低，应用范围广，特别适于用作叶面喷施肥料。

3)激素与维生素　植物激素有生长素(如吲哚乙酸，促进生长)、赤霉素与矮壮素(促进或控制生长)、细胞分裂素、脱落酸和乙烯(促进成熟)等。营养液中配入的激素主要是生长素和矮壮素类。由于激素虽可被叶面吸收,但不易很快转移至生理作用中心,因此必须在对拟用作物单独喷施试验确认有效的基础上配入,并需控制用量,予以说明。用于添加的维生素,最常用的是水溶性并且较稳定的维生素 B_1 和维生素 B_2,但宜慎用。加有生长素和维生素的营养液,需要注意防止发霉变质。

4)表面活性剂　这是一种助剂,目的是减少营养液雾滴接触叶面时的表面张力,使其易于黏附,减少损失,增加叶面吸收,这对叶表面蜡质厚、茸毛少的叶片尤其重要,如烷基苯黄酸铵和烷基黄酰氯等。营养液中的助剂可添加在原液中,也可在稀释使用时加入,还可用少量碱性不重的普通肥皂粉作为助剂,一般 0.5 千克原液或 50 千克稀释液加普通肥皂粉 25 ~50 克。

营养液中虽可加入多种组分,但通常没有必要。目前最常见的营养液由大量元素(氮、磷、钾)、微量元素(3 ~5 个元素)及表面活性剂三部分组成。

(2)叶面肥的种类和品种较多,可从三个方面来分类:

1)从营养成分来分　有大量元素(氮、磷、钾)的,也有微量元素的(以微肥为主)。

2)从产品剂型来分　有固体的、液体的,也有特殊工艺制成的膏状的。

3)从产品构成来看　具有复合化的特征,一般将氮、磷、钾、微肥与氨基酸、腐殖酸或有机络合剂复合,形成多元复合的叶面肥。

适于叶面喷施的化肥应符合下列条件:①能溶于水;②没有挥发性;③不含氯离子及有害成分。适于叶面施肥的化肥有:尿素、硝酸铵、硫酸钾、各种水溶性微肥以及磷酸二氢钾和硝酸钾等。此外,还有过磷酸钙,虽然它不能全部溶解于水,但其主要成分是磷酸一钙,能溶于水,一般先配成浓度大的母液,静置后待不溶的硫酸钙沉淀下来,取上部清液,稀释后即可用于叶面喷施。

叶面喷施的溶液浓度因肥料品种和作物种类而异。通常大量元素肥料的喷施浓度为1%～2%。对旺盛生长的作物或成年果树，尿素的浓度还可以适当加大。微量元素肥料溶液浓度为0.01%～0.1%。

3. *药肥*　药肥，就是含农药的肥料，其专用性强，施用效果好。由于大部分农药在弱酸性或中性介质中比较稳定，在偏碱性条件下易分解失效，化肥中除钙镁磷肥、碳酸氢铵偏碱性外，一般为中性或弱酸性。因此，农药和化肥混合不会导致农药有效成分的迅速降低。至于少数在偏碱性条件下稳定的农药，可通过调节混配复合肥的pH来保持其稳定性。因此，药、肥混用是一项可行的措施。

药、肥混用不仅是一项节约劳力的生产措施，而且还具有提高农药施用效果、延长农药药效的作用。但药、肥混用在使用上还存在一些问题：①施用时农药和人体直接接触，特别是杀虫剂农药，即使属于中毒和低毒，仍然很不安全。在机械施肥的条件下，这一问题便不存在。②贮存和运输过程中如发生袋子破损，由于大部分农药有挥发性，所以很容易失效和产生污染。

为克服以上缺点，中国科学院南京土壤研究所进行了含农药肥料包膜的研制，其工艺流程为：肥料＋农药→搅拌混合＋盘式造粒→处理成膜。目前已生产出有效养分含量30%左右、水分含量低于5%，抗压强度比一般混配复合肥大，膜内pH 5.0、膜面pH 6.5左右，粒径能任意控制的，适用于水稻、小麦、果树等作物的农药化肥。

4. *磁化肥料*　磁化肥料是电磁学与肥料学相互交叉的产物，通过添加磁性物或含磁载体于氮磷钾复混肥中，经可变磁场加工而成的一种含磁复混肥。其优点是除保持原先氮、磷、钾速效养分外，还增加了新的增产因素——剩磁，两者协助作用可提高肥效。施用磁化肥能使作物增产9%～30%。

磁化肥料主要由两部分组成：一部分为磁化后的磁化物质，一部分是根据不同土壤及作物需要而配制的营养组分（氮、磷、钾及微量元素等）。磁化肥料生产的关键主要在于磁化技术。肥料被磁化后持有剩磁，剩磁能调节生物的磁环境，并刺激作物生长，而其磁化强度是磁化肥料的一个重要指标（≥0.05 毫特）。我国目前主要采用的原料是粉煤灰、铁尾矿、硫铁矿渣以及其他矿灰，资源丰富，价格便宜，成本低。

5. 二氧化碳气态肥料　二氧化碳气态肥料的研究在世界上已有 100 多年的历史，荷兰等国有较大的发展，我国从 20 世纪 70 年代开始有关于施用二氧化碳的试验报道，但不是很多。施用二氧化碳气肥多是在保护地（温室或塑料大棚）内进行的，尤其对果树应用最为广泛。科学家们对塑料大棚中的二氧化碳浓度分布状况进行了大量的测量，研究其基本规律。在夜间，由于作物的呼吸作用释放出二氧化碳，棚内二氧化碳浓度比棚外高，日出前二氧化碳可达 450 微升/升以上。可是，随着光照强度的增加，作物光合作用的加强，棚内二氧化碳浓度逐渐下降，最低时降到 80 微升/升左右，达到二氧化碳补偿点水平。采取通风换气补充办法，二氧化碳浓度也只能维持在 260 微升/升左右。在大棚或温室中，由于作物不断生长发育，叶面积指数逐渐增大，作物处在二氧化碳严重饥饿状态，即二氧化碳成为光合作用的主要限制因子，严重影响着作物的长势和产量。因此，施用二氧化碳就成为促进作物增产的有效措施。

目前国内外应用的二氧化碳气态肥料主要有以下几种：

（1）强酸与碳酸盐（或碳酸氢盐）反应　用盐酸和碳酸钙反应生成氯化钙和碳酸，碳酸再进一步分解成水与二氧化碳。

（2）干冰　干冰是一种低温固态二氧化碳，在常温下易升华变气态二氧化碳，因此需要用保温设备运载（小量的可用广口瓶，大量的可用夹层木箱等）。这种肥源一般在工厂生产，纯度高，释放二氧化碳较快，但成本较高，适于小面积试验。

（3）钢瓶二氧化碳　这是一种低温的液态二氧化碳，用钢瓶装载，与干冰一样由工厂生产，纯度高，成本比干冰稍低，也只适用小面积试验。

（4）液化石油气燃烧　这是一种能较大量产生二氧化碳的方法，成本很低，适于大面积使用。尤其在北方保护地，这种方法不仅

可给作物增施二氧化碳，而且还可以提高保护地的气温。

（5）工业废气　这种肥源有相当大的数量，是环境保护、综合利用的一个重要方面。但是，一般工业废气中往往会有二氧化硫等有害气体，需要进行清除。

此外，二氧化碳还可以来自有机肥料、沼气发酵、燃烧和地下的二氧化碳资源等。总之，二氧化碳的来源是广泛的，可以因地制宜，根据不同的条件、不同的需要来选择肥源。国内外的大量试验都证明了把二氧化碳作为一种肥料使用有明显的增产效果。但施用二氧化碳，不是浓度越高增产效果越好。一般认为，只要把作物周围的二氧化碳浓度提高到原来的3倍左右，就有比较明显的增产效果。

6. 腐殖酸类肥料　腐殖酸类肥料是以泥炭、褐煤、风化煤等为主要原料，经过不同化学处理或在此基础上掺入各种无机肥料制成的肥料。常见的品种有腐殖酸铵、腐殖酸钠、黄腐酸等。

（1）腐殖酸铵　腐殖酸铵是用氨水或碳酸氢铵处理泥炭、褐煤、风化煤制成的一种腐殖酸类肥料。该肥料的最主要特点是为作物提供一定量的氮素营养，改良土壤理化性状，同时可刺激作物的生长发育。适用于各种土壤和作物。就土壤而言，对结构不良的沙土、盐碱土、酸性土壤及有机肥严重缺乏的土壤，使用效果最好。对于作物来说，以果树的增产效果最好，对块根、块茎类作物的增产作用也不错。应用时多采用撒施、条施或穴施的方式作基肥施用，一般施用量为100～200千克/亩。

（2）腐殖酸钠　腐殖酸钠的生产原理是：将泥炭、褐煤、风化煤与氢氧化钠和水混合，在加热条件下反应制成。适用于各种作物，可以作基肥、追肥或用于浸种、蘸根和叶面喷施。作基肥时，称取250克左右按0.01%～0.05%的浓度稀释，与有机肥混合施用；作追肥时，取1/10的基肥用量稀释成0.01%～0.05%的水溶液进行根部浇灌。

（3）黄腐酸　黄腐酸是腐殖酸的一部分，在实际生产中作为肥料的制品呈黑色粉末状，具有刺激作物根系生长、增强光合作用、提高抗旱能力的生长调节作用。制品中的黄腐酸含量一般在80%以上,水分含量小于10%,pH 2.5左右,主要用于叶面喷施。

7. 氨基酸类肥料　以氨基酸为主要成分,掺入无机肥制成的肥料称为氨基酸类肥料。农用氨基酸的生产主要以有机废料(皮革、毛发等)经化学水解或生物发酵而制得。在此基础上,添加微量元素混合浓缩成为氨基酸叶面肥料。

8. 有机无机生物肥

(1)有机无机生物肥的概念　它是通过科学的配比关系和特定的发酵工艺,将有机肥和微生物及无机化肥相结合而制作的,是继有机肥、化肥和生物肥之后,肥料生产的又一次革新,也是顺应现代农业生产对多功能、综合性肥料的迫切需求而产生的。

(2)有机无机生物肥的功能　该肥集微生物独特的生理调节功能、无机化肥的高效性和有机肥的长效性于一体,从而达到种养结合和农业可持续发展的效果。

有机无机生物肥中的有益微生物可以固定空气中的氮素,分解土壤中潜在的矿物养分,其代谢活动中还产生很多生理活性物质,刺激和调控作物的生长,大量的繁殖也改善了根际的微生态环境,抑制了有害菌的增殖,起到了抗病作用。添加的有机质直接为作物提供有机营养,为微生物提供有效载体,以及和微生物一起共同活化根际土壤,改善土壤理化性质,使复合体内无机养分稳定释放。添加的无机养分针对不同土壤和不同作物提供合理的氮、磷、钾三要素比例,在尽可能不损害微生物的情况下,为作物高产优质提供主体养分。其功能可以简单概括为“一增、一促、三提、二降”。即:增加土壤肥力,促进作物根系生长,提高产量、提高品质、提高抗逆性,降低病害发生程度、降低农药和化肥对土壤的污染。

果树根、干、叶、花、果实的生长发育需要多种营养。其生长发育过程对营养需求有那些规律和特点呢？请看：

第二章 果树的营养特点与施肥

果树的营养需求与需肥较大田农作物有着明显的不同。果树是多年生植物，栽植在一个地方后，定位生长几十年，每年都要生长大量的枝、叶和果实，对土壤中的养分消耗很大。同时排出的一些废物，也影响着土壤环境。养分的吸收和废物的排出主要通过根系来完成，要施肥就必须了解果树根系的生长和营养特性。果树的一生有幼龄期、结果初期、盛果期、衰老期几个阶段，不同时期果树营养特点不同，对营养元素需求不同；果树在年际间生长发育周期中，不同器官的生长生育也有一定的营养特点。要施肥就要了解果树生命周期和年际间不同生育期的营养特点和对养分的需求。果树一般都是结果的前一年就形成花芽，因此，果树产量不仅取决于当年树体的营养水平，同时又与前一年树体的营养积累有关，要施肥就要了解树体营养的积累与转换；不同果树形成的果实对养分的吸收有较为固定的比例，要施肥就要了解不同果树形成果实需要元素之间的比例与数量。果树需要多种营养元素，各种营养元素在果树体内发挥着特定的生理功能，要施肥就要了解这些元素的作用。只有较好掌握果树的这些营养特性，才便于我们制订合理的施肥方案，做到用地与养地相结合，培养树势与结果相结合，高产与稳产相结合，产量与品质相结合，进而实现树势健壮，抗逆能力强，高产优质，结果年限长。

第一节 果树根系的生长和营养特性

根是果树重要的营养器官。它不但对果树起着机械固定作用，更是果树的吸收和贮藏器官。果树根系可以从土壤中吸收水分和养分，供地上部生长发育所需，同时还能贮藏水分和养分，并能将无机养分合成为有机物质。有实验证明，根部可将从土壤中吸收的铵

盐、硝酸盐等与叶子运来的光合产物，进一步合成为各种氨基酸的混合物；根部还能合成一些有机磷化合物，如核酸、磷脂、维生素等；还能合成某些特殊物质，如细胞激动素、赤霉素、生长素等生理活性物质，对地上部的生长与结果起着调节作用。根在代谢过程中可分泌一些酸性物质，溶解土壤养分，使之转化为易于吸收的有效养分。同时有些根系分泌物还有利于根际微生物的生存，可促进微生物活化根际土壤养分以被利用。果树根系、地上部与根际微生物是相互作用，相辅相成的。果树根系吸收水分和养分的数量与根的数量、内吸速度等诸多因素有关。因此，了解根系的构成与分布、生长习性，是合理施肥的重要筹码。

一、果树根系的分类

1. 从根系的发生及来源分类　可分为三类：实生根系、茎源根系和根孽根系。

(1)实生根系　是指种子胚根发育而成的根系或用实生砧木嫁接的果树的根系。一般主根发达，根系较深，生命力强，对外界环境有较强的适应能力。实生根系个体间的差异要比无性繁殖的根系大，在嫁接情况下，还受到地上部接穗品种的影响。

(2)茎源根系　是指根系来源于母体茎上的不定根，生产上用扦插、压条繁殖的果树根系，如葡萄、无花果等均为茎源根系。其特点是主根不明显，根系较浅，生活力相对较弱，但个体间比较一致。

(3)根孽根系　是指果树在根上能发生不定芽而形成根孽，而后与母体分离形成单独个体的根系，如枣、石榴、山楂、樱桃等的分株繁殖的个体根系。其特点与茎源根系相似。

2. 从根系所承担的主要功能分类　可分为骨干根(主根、侧根)和须根(吸收根)。

(1)骨干根　由种子胚根发育而成的称为主根，在它上面着生的粗大分枝称为侧根。无性繁殖的植株没有主根。骨干根的作用是支撑固定(地上部分)、疏导营养、贮藏养分和扩大根域空间，同时具有合成氨基酸等有机营养的能力，而吸收作用很弱。

（2）须根　侧根上形成的较细（一般直径小于2.5毫米）的根称为须根。须根是果树根系的主体，占总根量的90%以上，须根的先端发生的初生根即根毛称为吸收根，为吸收水分和养分的主要器官，是生理最活跃的部分。须根以树冠外缘附近较为集中，是施肥的主要部位。

二、果树根系的分布与施肥

1. 果树根系的分布　依据果树根系在土壤中分布的状况，分为水平根和垂直根。水平根是指与地面近于平行生长的根系，其分布范围总是大于树冠，一般为树冠冠幅的1～3倍。而从根系总量来看，果树的水平根有60%左右分布在树冠正投影之内，尤其是粗根更是如此。垂直根指与地面近于垂直生长的根系，其分布深度一般都小于树高，与树种、品种、砧木类型有关。如核桃、银杏、柿的根系最深，梨、苹果、枣、葡萄、甜橙次之，桃、李、石榴、凤梨的根系较浅。乔化砧的根系深，矮化砧的根系较浅。根系分布深度受土壤因素的影响更大，一般土层厚、地下水位低、质地疏松和土壤贫瘠的根系分布深，反之分布则浅。

果树根系大小和密度影响根系对水分和矿质元素的吸收。主根和粗的侧根的发育，是遗传性以及根系生长环境相互作用的结果。幼树根系主要向深度发展，随树龄增加改向宽度发展。扎入土壤较深的根，主要用于输送水分与营养物质及物质的贮藏。地表浅层通气良好、富含营养更利于根系生长，具有生理活性的吸收根主要分布于这一层，是吸收水分和养分的主要根系。在土壤管理较好的果园中，根群的分布主要集中在地表以下10～40厘米。所以耕作层尤为重要，是根系主要功能区，也是果树生产中土壤管理和施肥的主要层。果树的根系分布广，而密度明显低于农作物，这给果树根际施肥带来一定的困难，同时肥料利用率也相应降低。根密度与植株水分和矿物质营养的吸收关系密切，当根系密度加大，吸收水肥能力增强，肥料利用率也有所提高。密植条件下根密度远远大于稀植树，所以矮化密植的果园施用水肥量和产量要大于普通果园。

2. 依据果树根系分布施肥　了解果树根系分布的特点，主要目的就在于合理确定施肥部位。肥料只有施在果树须根最密集的部位才能够充分发挥作用。有机肥具有改良土壤的作用，要适当深施，施肥深度应达到果树须根集中分布的土层；化肥易溶解下渗，应适当浅施，一般 15 厘米左右即可，以防渗漏损失。

三、果树根系变化动态与施肥

1. 根系的生命周期　果树的所有根系都经过发生、发展、衰老、更新和死亡的过程。寿命最短的根是吸收根，寿命最长的是骨干根，贯穿整个生命周期。从果树的整个生命周期来看，果树定植后先从伤口和根颈上发出新根，幼树阶段垂直根生长旺盛，到初果期时即达到最大深度，因此定植期要求大穴栽植，多施和深施农家肥，促进垂直根系生长、促早结果。结果以后开始扩穴，结合施肥。初果期以后的树以水平根为主，同时在水平骨干根上发生垂直根和斜生根，此期施肥要做到深浅结合、分层施用，促进水平根生长，控制垂直根旺长；到盛果期根系占有的空间达到最大，此时，根系的发生量也达到最大，施肥要注意深施促进下层根系发育，扩大根系吸收范围；盛果后期时，骨干根开始更新死亡，地上部也开始更新衰老，为了延缓根系衰老，要多施有机肥和适量氮素、磷素，促进根系更新。

2. 根系年周期生长动态　果树根系在一年内没有自然休眠期，当环境条件适合时可以全年不断生长，但在不同时期的生长强度不同。根生长一方面受环境条件影响，另一方面与地上部相互间进行营养交换，所以根的生长还受地上部器官活动的制约，表现出生长高潮与低潮交替的现象。许多研究表明根的生长高潮与地上部的生长高潮相互交替，是树体营养物质的自身调节与平衡的结果。根系一年中有 2 ~3 次生长高峰，呈现曲线状态。总结为两种变化动态模式，一种是“双峰曲线”，另一种是“三峰曲线”。

(1)“双峰曲线”　指果树新根的发生在一年中有两次高峰，一次在 5 ~6 月，一般为新梢停长期；另一次是在秋季。梨、葡萄和苹果幼树的根系年周期生长动态多为“双峰曲线”(图 2 –1)。

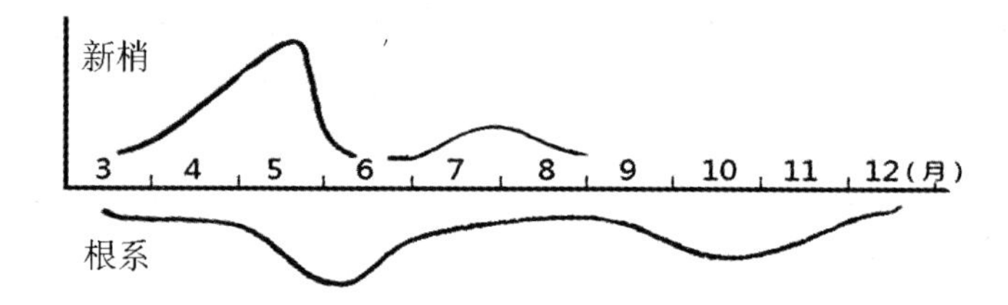

图 2－1　苹果幼树根系年周期生长动态示意图

（2）“三峰曲线”　指果树新根一年中有三次发生高峰，第一次高峰出现在萌芽前后，果树贮藏养分和温度等外界条件对其有较大影响；第二次高峰出现在春梢停长后的 6 月，此时果实尚未进入迅速膨大期，坐果的数量、新梢能否及时停长、果实的膨大期等因素可影响此次高峰的大小；第三次是在果实采收之后，随着贮藏养分的回流，根系发生出现一个小高峰，果实采收早晚，叶片保护的如何是影响此高峰的因素。盛果期苹果及桃等果树的根系年周期生长动态多为“三峰曲线”（图 2－2）。

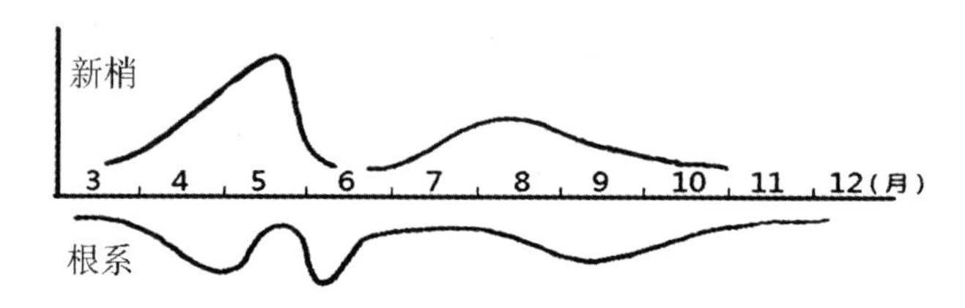

图 2－2　苹果成年树根系年周期生长动态示意图

落叶果树根系与地上部生长发育之间的相互关系是复杂的。一般情况下，根系发生高峰与枝叶生长高峰及果实膨大高峰是错开的，是地上部与地下部争夺有机养分的结果，也是二者交替建造、互相促进的结果。当根系生长旺盛时，也是对营养元素吸收和有机物质合成的旺盛期。了解果树根系发生的动态，对于确定速效肥料的施用期特别重要。在果树发根高峰来临之前施肥不仅可提高养分利用效率，而且可增加根系对养分的吸收，为果树地上部下一个生长高峰提供充足的养分，保证其正常的生长发育。

3. *依据果树根系变化动态施肥*　果树根系变化动态与施肥关系密切，了解果树根系变化动态对于确定其最适施肥期有重要的意义。因为肥料主要通过吸收根来吸收，对速效肥料来说，其最大效益期是新根发生期，为了提高肥料利用率，速效肥料应在新根发生前施于根系周围。生产中，落叶果树往往提倡在萌芽前、膨果期（春梢停长后）和果实采收前后施三次肥，就是依此为据的。

第二节　果树生命周期营养特点

果树一生经历萌芽、生长、结实、衰老、死亡的过程，称之为生命周期。非实生苗而以营养繁殖的乔木果树，栽植时已度过了幼年阶段。虽具有开花结果能力，但生产实践中，幼树营养生长旺盛，积累养分不足，没有形成生殖器官的物质基础，还必须经过一段营养生长期。所以，乔木果树的一生可以划分为幼龄期、初结果期、盛果期和衰老期四个年龄时期。每一个年龄时期在器官形态上、树体结构上和生理机能方面都相应发生变化，对营养的要求也不同。

一、幼龄期

从一年生苗开始到植株最初结果为止称为幼龄期。果树在这一时期，地上部和根系都迅速生长，此期的特征为树体迅速扩大，开始形成骨架。枝条长势强，新梢生长量大，节间较长，叶较大，具有二次或多次生长，贮存养分不充足，组织不够充实，因而易受冻害。由于养分主要供应于生长，积累少，所以这个时期内一般不结果。

这个时期的长短因树种、品种和砧木而不同。苹果和梨为3～6年，桃、枣、葡萄为1～3年，李和杏为2～4年。利用矮化砧和中间砧的果树幼龄期偏短。

总之，果树幼树期主要是扩大树冠，搭好骨架，预备结果部位，并在树体中积累各种有机和无机营养，为开花结果打好基础。因此，应采取的施肥措施是以氮肥为主，最重要的是迅速扩大营养面积，增进营养物质的合成和积累，并促进其合理疏导与分配，使幼树从营养生长向生殖生长迅速转化，缩短幼树期。实践证明，因地制宜地选择最佳施肥方案，培植营养生长健壮的幼树，可以做到生长和结果两不误，既可提早结果，又能持续丰产。

二、初结果期

从开始结果到大量结果（盛果期）前具有的一定经济产量的这段时期称为初结果期。这一时期的特征仍是生长旺，离心生长强，分枝大量增加，树冠继续形成骨架，扩冠快。根系也继续扩展，须根大量发生，果实多着生在树冠外围树梢上部。随着年龄的增加，产量不断增加，骨干枝的离心生长缓慢，营养生长放慢，苹果、梨的中、短果枝逐渐增多，柑橘的春梢和外围较强的秋梢均能结果。

这个时期的长短因树种而异。苹果和梨为4～5年。葡萄及核果类的树冠扩展快而初结果期很短，植株一经开始结果，很快就进入盛果期。

初结果期仍以长树为主，树体结构已基本建成，营养生长从占绝对优势逐步向与生殖生长趋于平衡状态过渡。这一时期栽培管理的主要措施是：轻剪，重肥。即施肥上要重氮肥，轻磷、钾肥，继续深翻改土，建成树冠骨架，着重培养枝组，防止树冠无效扩大，壮大根系，同时要创造良好的花芽分化条件，使果树及早开始开花结果，并迅速地过渡到盛果期。

三、盛果期

果树大量结果时期称为盛果期。此时，果树的骨架和树冠已经形成。无论树冠或根系均已扩大到最大限度，骨干枝离心生长逐渐减慢，枝叶生长量逐渐降低，发育枝减少，结果枝大量增加，产量达到高峰。苹果、梨、桃由以中、短果枝结果为主，逐渐转移到以短果枝结果为主；柑橘以春、秋梢为主。新梢先端和根尖离心生长停止，向心生长开始。一般果树的树冠内部，向心更新后，枝叶和根端距

离缩短，从而有利于养分的吸收、转运、合成和代谢的进行。这个时期栽培管理不当，容易出现“大小年”现象而不能稳产。此期根系范围已不再扩大，有些骨干根先端有衰老枯死现象。骨干根上发根力显著减弱，发根主要在施肥区。

果树盛果期的长短，因树种、品种、自然条件和管理水平而异。苹果盛果期为15～45年，梨为15～70年，桃为10～20年。

盛果期的农业技术要点是既要调节花芽形成合理负载，又要防止树体早衰，防止大小年，保证单株内部和群体的通风透光条件，以及改善树体的营养贮备水平，使之优质丰产，延长结果年龄。因此，加强土肥管理十分重要，保持土壤疏松，有利于促进根系生长，增强吸收能力。施用氮肥，会增加果枝的生长势，有利于花芽分化；生长势弱的老龄树施用较多氮肥，不仅能增强果枝生长，促进花芽分化，而且还可以形成较多的新枝，增加结果部位。一般情况下，施用磷、钾肥既能增强花芽分化，又能促进枝条成熟，增加抗性。所以，盛果期要特别注重氮、磷、钾肥配合施用，使果树的氮、磷、钾营养水平达到平衡，为生长和结实保持平衡创造条件。

盛果期后期，应采取深翻、扩穴、增施有机肥等措施，为根系生长创造良好条件，改善根系，缩短外围，复壮内膛，控制产量，提高树体营养，进行强度更新，延长寿命。

四、衰老期

树体生命进一步衰老时期称为衰老期。树冠表现衰老状态，向心生长强，树冠外围几乎不能发生新梢。树体外围枝组逐渐枯死，果实小，质量差，产量低，抗逆性差。除某些复壮力很强的树种外，即使采取更新复壮措施也不能持久，经济价值不大，应及时砍伐清园，重新建园。

综上所述，正确认识果树各个时期形态变化特征及养分积累动态，就可以针对其生长发育特点及对养分的需求规律，制订合理的施肥措施，使之早结果，早丰产，延长盛果期，推迟衰老期。

第三节 果树年周期营养特点

一年中有春夏秋冬,果树有春花秋实,一年中有夏热冬寒,果树有夏长冬眠。随着一年中气候变化而变化的生命活动过程称为年生长周期。年生长周期营养特点,可从两个方面阐述:一是各物候期养分变化动态,二是营养物质积累与消耗的规律性变化。

一、物候期的养分变化动态

在年生长周期中,果树随着四季气候条件的变化,有节奏地表现出萌芽、发根、开花、长枝、果实发育、落叶和休眠等一系列的外部形态和内部生理变化,这种生命活动的过程称为生物气候学时期,简称物候期。

从大的物候期来看,可分为以下几个物候期,即根系生长物候期、萌芽展叶物候期、开花物候期、枝梢和叶片生长物候期、花芽分化物候期、果实生长和成熟物候期、落叶休眠物候期。

果树的物候期具有一定的顺序性,也有重叠性,在一定的条件下还有重演性。

物候期的进展,是在既具备必需的综合外界条件,又具备必要的物质基础的条件下才能正常进行的。因此,只有正确地了解和掌握果树各物候期养分变化动态,才能制订和实施合理、有效的施肥措施,为丰产优质提供物质基础。

1. 根系生长与营养　在果树根系的生长和营养特性部分本章第一节,已有详细论述,不再赘述。

2. 萌芽展叶与营养　萌芽展叶物候期标志着果树相对休眠期的结束和生长期的开始。此期是从芽苞开始膨大起,至花蕾伸出或幼叶分离时止。

果树有一年一次萌芽和多次萌芽之别。原产温带的落叶果树一般一年仅有一次萌芽。原产于亚热带、热带，其芽具有早熟性的果树，如柑橘、枇杷、桃树等，则有周期性的多次萌芽。萌芽的早迟与温度、水分和树体的营养有密切关系。早春的萌芽由于有秋季贮藏的充足营养和适宜的温度，故萌发整齐一致。后期芽萌发不整齐是因为受树体营养和水分条件影响。

一般树体的营养状况和萌芽之间的相关规律是：树势强健，养分充足的成年树萌芽比弱树和幼树早；树冠外围和顶部生长健壮的枝萌芽较内膛和下部枝早；土壤黏重，通透性不良或缺少肥料的树，根系生长与吸收不良，常迟萌发。芽的萌发和枝的生长也有一定相关性，由于所发枝的类型、习性不同（有结果枝、营养枝和徒长枝之分），其发枝和停长时期也不同，一般早发早停，迟发迟停。早停长枝有利于养分积累，形成花芽多；迟停长枝，一般养分积累少，形成花芽少，或不能成花芽。

应当注意，早春萌发，并不是越早越好，因为在萌芽过程中，树体内大量营养物质水解，向生长点输送，树体抗寒力减弱，易受晚霜和寒潮的冻害。因此，北方地区早春易受寒害的果园，采取灌水、涂白等措施，以降低树体温度，推迟萌芽开花，从而防止冻害。

3. *开花与营养*　开花期是指从果树有极少量的花开放到所开的花全部凋谢为止。在开花过程中需要授粉受精的果树种类及品种，其授粉受精良好与否，与产量关系极大。

在影响果树开花及授粉受精的诸多因素中，树体营养状况是重要因素之一。树体营养积累水平高，花粉发育良好，花粉管生长快，胚囊发育好，寿命长，柱头接受花粉的时间长，有效授粉期延长。若氮素缺乏，生长素不足，花粉管生长慢，胚囊寿命短，当花粉管达到珠心时，胚囊已失去生理功能而不能受精。因此，衰弱树常因开花多，花质差，而不能顺利进行授粉受精，产量很低。故生产上常在开花期对衰弱树喷施氮肥和硼肥，以促进受精作用，达到增产的目的。

一般果树花前追施氮肥，而开花期喷施尿素也可弥补氮素不足而提高坐果率。硼能促进花粉发芽,花粉管伸长,增强受精作用。花前喷施1% ~2%硼砂或花期喷施0.1% ~0.5%硼砂,以提高坐果率。

4. 枝梢和叶片生长与营养

(1)枝梢生长　枝梢生长是果树营养生长的重要时期,只有旺盛的枝梢生长,才能有树冠的迅速扩大,枝量的增多,叶面积和结果体积的增大。因此,新梢的抽生和长势与树体结构、产量的高低和果树寿命密切相关。

枝梢的加长和加粗生长有着互相依赖、互相促进的关系。加长生长是通过新梢顶端分生细胞分裂和快速伸长实现的;加粗生长是次生分生组织形成层细胞分裂、分化、增大的结果。加粗生长较加长生长迟,其停止较晚。在新梢生长过程中,如果叶片早落,新梢生长的营养不足,形成层细胞分裂就会受抑,枝条的增粗也受影响。如果落叶发生在早期,而且比较严重,所形成的枝梢就成为纤弱枝。因为新梢的健壮生长有赖于树体贮藏营养,有赖于成熟叶片合成的碳水化合物、蛋白质和生长素,有赖于幼叶产生的类似生长素和赤霉素等物质。因此,枝梢的粗壮和纤细是判断植株营养生长期间管理好坏和营养水平高低的重要标志之一。

很多研究表明,枝梢生长与根系活动关系极为密切。凡是有利根系旺盛活动的农业技术措施,均能促进枝梢生长。相反,凡是阻碍根系生长与吸收的技术措施,就能缓和或抑制枝梢生长。因此,生产上常采取对果树深翻断根来抑制枝梢生长,施肥灌水来促进新梢的生长。特别是氮肥的作用更为明显。氮肥不足则枝梢生长极弱,而氮肥过多则枝梢易徒长。合理施钾肥也有利于促进枝梢生长健壮结实,而钾肥过多有抑制作用。由于肥水和土壤管理对调节枝梢生长有突出的作用,因此,土肥水管理是果树生产非常重要的农业技术措施。

(2)叶片生长　叶片是随着萌芽和枝条生长而增多和加大的。它是进行光合作用、制造有机养分的主要器官。叶片大小与叶原基

的分化程度有关，同时也决定于叶片生长期的水分和营养条件。树体贮存养分充足以及壮枝壮芽所发生的叶片大而肥厚，光合能力也强。

一般初期和后期形成的叶片由于生长期和速生期较短，叶面积较小；中期形成的叶生长期和速生期长，不仅利用贮藏养分，又处于当年大量制造养分的时期，叶片较大，光合能力较强。

叶片光合能力随叶龄增大而提高，刚停止生长的成熟叶片光合能力最强；随叶片衰老而光合能力降低，10 月中旬以后下部老叶光合能力很低，但秋梢的大叶片光合能力仍较强。

树冠所着生叶片的总体称为叶幕。春梢上的叶片数多且单叶面积较大，所以春梢是构成叶幕的主要枝类，而春稍旺盛生长期是叶幕形成的主要时期。叶幕结构对光能利用情况影响极大。栽培上合理的叶幕结构应是总叶面积大，能充分利用光能而又不致严重挡光，使树冠内的最弱光照至少能满足果树本身最低需光要求。一般果树叶面积系数在 5 ~8 时是其最高指标，耐荫果树还可以稍高。叶面积系数低于 3 就是低产指标。但叶面积指数也只是表示光合面积和光合产量的一般指标，常因叶的分布状况而光合效能差异很大，这与品种、环境条件、栽培技术都有密切关系。树冠开张，波浪起伏，有利于通风透光，提高冠内枝叶比例，可有效增大光合面积。因此，要使果树优质、高产、稳产，在增大光合面积的同时，还要注意提高叶质，促进光合作用。

5. *花芽分化与营养* 花芽分化是果树年周期中一个重要物候期。花芽的数量和质量对果树的产量和果实质量有直接影响。

落叶果树的花芽多是在开花的上一年生长期内形成的。芽内生长点最初只形成叶原基，以后在发育过程中由于营养物质的积累和转化以及激素的作用，在一定外界条件下一部分芽内的生长点分生组织发生转化，形成生殖器官——花或花序的原基，并逐渐形成花或花序。这种由叶芽状态转化为花原基到花或花序的分化过程，叫作花芽分化。花芽分化是一个由生理分化到形态形成的漫长过

程。

大多数落叶果树如仁果类和核果类等花芽分化一年进行一次，一般在6~7月间开始花芽形态分化，第二年开花。但有些树种由于本身的生物学特性和改变了的环境条件以及受到一定的管理技术控制，一年内也能进行多次花芽分化。如枣的花芽当年分化，当年开花，随生长随分化，多次分化。葡萄经摘心后可连续分化，多次结果。板栗和核桃都有当年分化、当年开花的现象，新疆核桃更为普遍。一般来说，苹果花芽分化期是5月中旬至9月下旬，板栗是6月上旬至8月中旬，核桃是6月下旬至7月上旬，桃是6月中旬至8月上旬。

花芽分化是一个量变到质变的过程，在这一过程中，水分代谢，糖类代谢，蛋白质代谢以及酶类、维生素的种类都相应发生变化，而这些变化都是以光合产物和贮藏营养物质作为代谢活动的能源基础和形成花芽细胞的组成物质的，故加强营养，增加光合产物的积累是形成花芽的前提。在生产实践中，外界条件和栽培技术措施，在很大程度上能左右花芽分化时期和花芽数量与质量。

矿质营养是影响花芽形成的重要物质之一。除氮、磷、钾以外，微量元素硼、锌和钼等对花芽分化和花器的形成均有关系，因此，花芽分化期喷施上述元素，均有明显的促花效果。

在生产实践中，果农有很多促抑花芽形成的措施。如新建果园，采用大窝大苗，重施底肥，初期施肥以氮为主，少量勤施，促树冠扩大和叶幕形成，生长中后期增施磷、钾肥，并采用支撑和拉枝办法扩大枝梢角度，或控水，断根等，促花形成，实现早果。对结果较多，花芽不易形成的果树，采用疏花疏果，减少树体消耗，保持树体有一定的营养水平，促进花芽分化，达到年年丰收。此外，还可利用矮化砧，或喷施生长抑制剂，以缓解营养生长，避免树体营养大量消耗，从而达到成花结果的目的。对幼年树、弱树，为了增强树势和扩大树冠，也常采用有效抑制花芽形成的方法，施用氮肥、灌水和喷施赤霉素等措施，以及加强修剪，以促进旺长，减少形成花芽的树体营养

物质，从而促进营养生长，恢复树势。

6. 果实生长和成熟与营养　果实生长和成熟物候期，是指从授粉受精后，子房开始膨大起，到果实完全成熟止。各种果树从开花到成熟所需的时间长短，因树种、品种而异。如樱桃 40～50 天，杏 70～100 天，苹果 80～100 天，梨 100～180 天，柑橘 150～240 天，桃70～180 天，葡萄 76～118 天，枣 95～120 天，核桃 120～130 天，柿子 165 天左右，猕猴桃 110 天左右，而夏橙长达 392～427 天。

自然条件对果实发育物候期的长短有显著影响，所以同一品种的成熟期因地区而异。栽培措施对生育期长短也有一定影响，如成熟期灌水，增施氮肥，可延长发育期。喷施激素也可以改变固有生育期。

各种果实发育都要经过细胞分裂、组织分化、种胚发育、细胞膨大和细胞内营养物质大量积累和转化的过程。仁果类和核果类果实发育过程相似，大致分为三个生长期，第一生长期从受精到胚乳增殖停止，主要进行细胞分裂和胚乳发育。此期需要大量氮、磷和碳水化合物以供应含有大量蛋白质的原生质增长。大多数落叶果树以消耗贮藏营养为主，施肥补充也有一定作用。这一时期果实纵径生长快，而横径生长较慢。第二生长期（核果类果树称为硬核期），细胞分裂基本停止，主要进行组织分化，实现种子生长和果核硬化。第三生长期细胞体积迅速膨大，并积累大量的淀粉、有机酸、蛋白质、糖类等，所以也是果实增大、增重的一个主要时期。

从果实正常发育长大的内因看，果实的发育和大小决定于细胞数目、细胞体积和细胞间隙的增大，以前两种最为重要。细胞数目和分裂能力在花芽分化形成期就有很大影响，常说花大果也大，花质好坐果高，就是这个道理。其次就是果实发育的第一生长阶段细胞的分裂能力，这与树体营养（包括有机营养和矿质营养）水平有关。因此，从花芽分化前至果实成熟，树体营养充足，是多坐果、果实大、品质优的基础。这就需要在头一年的秋季就要注意保护叶片，合理施用肥料，增加树体营养积累，春季酌情补充养分，促进花芽分化充实。细胞体积和细胞间隙的增大,主要发生在果实发育的第三阶段,此期需要叶片光合作用提供更多的碳水化合物和含氮物质。在此阶段之间追施肥料,有利于提高叶片光合性能,并加速有机营养向果实的运输和转化。

适量氮肥有利于果实膨大;缺磷果肉细胞减少,对细胞增大也有影响;钾对果实的增大和果肉重量的增加有明显作用,尤以在氮素营养水平高时,钾多则效果更为明显。因为钾可提高原生质活性,促进糖的运转,增加果实干重。钙和果实细胞结构的稳定和降低呼吸强度有关。因此,缺钙会引起果实各种生理病害。

如坐果较少,枝叶茂密,有徒长趋势的果树,应适当控肥控水,防止落果加剧和果实品质变劣。果实发育到成熟阶段后,肥水供应状况对果实品质也有很大影响。如氮肥过多,则风味变淡,着色不良,成熟推迟,耐贮性差。多施有机肥,合理修剪,增强光照和适当疏果,是提高产量和品质的有效农业措施。

7. 落叶休眠与营养

(1)落叶期　落叶是落叶果树进入休眠期的标志。落叶果树在秋季枝梢停长到入冬休眠之前,枝条逐渐成熟老化,随气温降低,光合产物消耗减少,积累增多,树体组织和细胞内积累的淀粉进一步转化为糖,细胞内的脂肪和单宁物质增加,细胞液浓度和原生质的黏稠性提高,同时根系也大量贮藏养分,吸水能力减弱。叶片也发生一系列的变化。叶片中的叶绿素逐渐分解,光合作用、呼吸作用、蒸腾作用逐渐减弱,叶片中的营养物质及所含氮、钾部分转移到枝梢和芽中,最后叶柄基部形成离层而自动脱落,进入休眠。

常绿果树无明显的休眠期,只有叶片的新老更替,却无固定的集中落叶期,其叶片秋冬仍然能贮藏大量养分,以供给冬季花芽分化和提高抗寒性能。

果树正常落叶与否,与养分的积累与转化有很大关系。若果园管理不善,提前落叶,将会降低树体营养积累,降低抗寒能力。同时,芽苞不充实,次年生长弱,坐果率低,果实品质差,有时出现当年

秋季再次开花发芽的现象,更进一步消耗树体营养,以致易遭冻害。反之若肥水过多,氮肥过剩,或施肥过迟,则新梢贪长,推迟落叶,树体组织不能及早成熟,不仅影响休眠,还会导致次年萌芽不整齐,坐果率下降。

对于常绿果树,若管理不善,或遭冷害,冬季落叶过多,也会严重损失营养,削弱树势,影响下年生长和产量。

因此,在秋季要重施秋肥,防治病虫,以保护叶片不过早脱落,提高光合效率,增加营养积累量。同时又要注意控制施氮肥过多、过迟,以防枝梢贪长,延迟落叶。

(2)休眠期　落叶果树的休眠,可以避免冬季低温对幼嫩器官或旺盛生命活动组织的冻害,是果树适应环境的表现。落叶果树的休眠在其生命周期中也是一个必要环节,因为只有度过足够的低温休眠时间,落叶果树才能正常开花结果。

生产上果树要正常进入休眠,并防止过早解除休眠。秋季要防止施肥过迟或氮肥过多及大量灌水。冬季要树干涂白等,以降低树体温度,防止过早萌芽,避免冻害。

二、营养物质积累与消耗的规律性变化

果树在年周期中有两种代谢类型,即氮素代谢和碳素代谢,这两种代谢类型决定了树体营养物质的积累和消耗。在营养生长前期是以氮素代谢为主的消耗型代谢,主要利用树体贮藏营养,土壤施肥只是补充。此期对氮肥吸收、同化十分强烈,枝叶迅速生长,有机营养消耗多而积累少,因此,对肥水特别是氮素的要求特别高。这一过程从萌芽前树液流动开始,在枝梢基本停止生长的 6 月上中旬结束。在前期营养生长的基础上,枝梢生长基本停止,树体主要转入根系生长,树干加粗,花芽分化和果实增大,此期叶幕正形成,叶片大而成熟,光合作用强烈,营养物质积累大于消耗,利用的营养以当年同化为主,即此期是碳素代谢为主的贮藏型代谢。在这种代谢过程中所进行的花芽分化和贮藏物质的积累,既为当年的优质、高产提供了保证,又为翌年的生长结果奠定物质基础。

树体的这两种代谢是互为基础、互相促进的。只有具备了前期的旺盛氮素代谢和相应的营养生长，才会有后期旺盛的碳素代谢和相应的营养物质积累。同时也只有上年进行了旺盛的碳素代谢，积累了丰富的营养物质，才会促进下年旺盛的营养生长和开花结果。所以，果树春季生长状况是以上年后期果树贮藏营养为基础的。如果树体营养贮备充足，能满足早春萌芽、枝叶生长和开花、结实对营养的大量需要，这样既促进早春枝叶的迅速生长，加速形成叶幕，增强光合作用，促进氮素代谢，又有利于生殖器官的发育、授粉、受精，以及胚和胚乳细胞的迅速分裂和果实肥大。如果树体贮备不足，春季营养生长就会削弱，不易成花和结果。

由此可知，果树后期管理非常重要，生产中一定要注意保护叶片，采果期应合理增施有机肥和矿质营养，尤其是重施磷、钾肥，以加强树体光合作用，增加营养积累，促进翌年的正常生长和结果。春季要注意补施氮肥，尤其是上年秋季施肥不足或落叶较多的果园，以促进枝叶迅速生长和开花结果。但在春季也不可盲目地过多施用氮素肥料，以免造成营养生长过旺，推迟氮素代谢向碳素代谢的转换，影响花芽分化和果实的发育。同理秋季也是如此，如果氮肥施用过多，同样会由于营养生长旺盛而减少营养物质的积累和贮藏。

第四节

果树需要的矿质营养

果树的正常生长发育需要从外界（空气、水和土壤）吸收多种营养元素，并加以同化利用，成为组成树体的原料，或供给其他生命活动所需的能量。现在公认的必需元素有 16 种，即碳（C）、氢（H）、氧（O）、氮（N）、磷（P）、钾（K）、钙（Ca）、镁（Mg）、硫（S）、铁（Fe）、硼（B）、锰（Mn）、铜（Cu）、锌（Zn）、钼（Mo）及氯（Cl）等。其中除氢、

碳、氧不看作矿质营养元素外，对氮、磷、钾等3种元素，植物所需的量比较大，称为大量元素。对钙、镁、硫、铁、硼、锰、锌、铜、钼、氯等元素，植物需要的量较少或很少，称为中微量元素。所需元素都有其特定的生理功能，相互不可替代。所需元素在植物体也有较为恒定的含量，过多或不足都会表现出一定的症状，且影响果树的健康生长或果实品质。

一、矿质营养元素的生理功能

1. 氮(N)　氮是植物细胞蛋白质的主要成分，又是核酸、叶绿素、维生素、酶和辅酶系统、激素以及许多重要代谢有机化合物的组成部分。氮能够促进新梢生长，增大叶面积，增加叶片厚度，提高叶片内的叶绿素含量，增强光合效率，有利于树干加粗生长和树冠迅速扩大，促进早期丰产，有“生命元素”之称。适当施氮，还可促进花芽形成，提高坐果率，加速果实膨大，提高果品产量，改善果实品质。

2. 磷(P)　磷是核蛋白、酶和维生素的组成部分，糖的合成与降解常是以磷酸酯形式进行的。生物能的载体三磷酸腺苷(ATP)，辅酶Ⅰ与辅酶Ⅱ都带有磷酸基团。所以磷在植物能量转化中起重要作用，有“能量元素”之称。磷能促进碳水化合物运输和光合作用正常进行。同时磷在促进花芽分化，改进果实品质，促进根系生长，提高果树抗寒、抗旱、抗盐碱能力方面，也有重要作用。

3. 钾(K)　钾不参与植物体内有机分子的组成，但能与蛋白质做疏松的缔结，是许多酶的活化剂，参与碳水化合物的合成、转化和运输等。植物细胞液泡内积累的钾离子可调节细胞的渗透势。气孔保卫细胞里的钾离子的进出，调节着保卫细胞的膨压和气孔的开闭，积累时气孔开放，释放时气孔关闭。所以钾对维持细胞原生质的胶体系统和细胞液的缓冲系统起着重要作用。钾充足时，有利于代谢作用，能促进枝条成熟，增强抗性，增大果个，促进着色，果实品质好，裂果少，耐贮藏，有“品质元素”之称。

4. 钙(Ca)　钙是细胞壁和胞间层的组成部分。钙对碳水化合物和蛋白质的合成过程，以及植物体内生理活动的平衡等，起着重要作用。能促进原生质胶体凝聚,降低水合度,使原生质黏性增大,增强抗旱、抗热能力。对果实品质影响很大,有“表光元素”之称。

5. 镁(Mg) 镁是叶绿素的主要组成成分。镁离子(Mg^{2+})是许多酶的活化剂,对树体生命过程起调节作用。在磷酸代谢、氮素代谢和碳素代谢中,能活化许多种酶而促进代谢。镁在维持核糖、核蛋白的结构和决定原生质的物理化学性状方面,都是不可缺少的,对呼吸作用也有间接影响,有“光合元素、修复元素”之称。

6. 硫(S) 硫在蛋白质(包括酶)的结构组成和其空间构型的稳定性(通过二硫键)方面具有特别重要的作用。硫也是一些生物活性物质的必要组成。在光合作用、呼吸作用及氨基酸、脂肪及碳水化合物的代谢方面都有重要作用。硫还是多种维生素组成成分,有“芳香元素”之称。

7. 铁(Fe) 铁虽不是叶绿素的组成部分,但缺铁时叶绿素不能形成,铁具有维持叶绿体功能的作用。铁参与呼吸作用,影响与能量有关的一切生理活动。铁是植物体内最不易移动的元素之一。

8. 锰(Mn) 锰是叶绿体的组成物质,直接参与光合作用,在叶绿素合成中起催化作用,是许多酶的活化剂,还可影响激素的水平。锰对酶的活化作用与镁相似,大多数情况下可以互相代替。根中硝酸还原过程不可缺少锰,因而锰影响硝态氮的吸收和同化。

9. 锌(Zn) 锌能影响树体内的氮素代谢和生长素的合成。锌还是某些酶的组成成分,这些酶能催化二氧化氮的水合作用,与光合作用有关。锌还是合成叶绿素必需的元素。

10. 硼(B) 硼不是植物的结构成分,但对碳水化合物运转起重要作用。缺硼时,碳水化合物发生紊乱,糖运输受到抑制,碳水化合物不能运到根中,使根尖细胞木质化,进而使钙的吸收受到抑制。缺硼还会引起花器和花萎缩,花而不实,这是花粉管活动中,硼影响细胞壁果胶物质合成的缘故。硼参与分生组织细胞的分化过程,缺硼最先受害的是生长点;缺硼产生的酸类物质,使枝条或根的顶端分生组织细胞严重受害甚至死亡。硼能提高抗性,干旱条件下特别

需要硼。细胞壁中的硼,有控制水分的作用。硼在叶绿体中的相对浓度较高,缺硼时,叶绿体容易老化,因而硼对光合作用也有影响。

11. 铜(Cu)　铜在植物体内是某些氧化酶的组成成分。叶绿体中有一个含铜的蛋白质,因此,铜在光合作用中起重要的作用。铜还存在于超氧化物歧化酶(SOD)中,与果品品质有一定关系。

12. 钼(Mo)　钼在氮素代谢上有着重要作用,它是硝酸还原酶的组成成分,参与 NO_3^-的还原和固氮,与电子传递系统相联系。

13. 氯(Cl)　氯在植物生理上需要量很低,但却是光合作用中水的光解放氧所必需的。氯离子还能与阳离子保持电荷平衡,维持细胞内较高的渗透压,使叶挺立。适量氯有利于碳水化合物代谢,提高作物抗病性。

二、矿质营养元素的吸收比例

作物所必需的养分种类,各种果树大致相同,但每种果树所需要不同矿质营养元素的分量及比例是不同的,这就是果树营养特性的差异。严格来说,即使同一种果树在不同年龄段、不同土壤上,对养分的需要也有差别。但相对来说,同种果树间所需养分的变化都有一定幅度。如果能较准确地掌握这个范围,就会为不同的果树施肥提供一个科学依据。很多科技工作者为此做了大量工作,尤其是不同果树产量和营养元素之间的关系(表 2－1)。但因生产条件和管理水平不同,各地数据不尽一致,有赖今后做更多、更细致的工作。

表 2－1　果树 100 千克果实吸收三要素养分大致数量

单位:千克

作物养分	氮	五氧化二磷	氧化钾
苹果	0.55～0.70	0.30～0.37	0.60～0.72
梨	0.47	0.23	0.48
樱桃	0.25	0.1	0.3～0.35
葡萄	0.38	0.2～0.25	0.4～0.5
枣	1.5	1	1.3
桃	0.48	0.2	0.76

三、矿质营养元素的相互作用

我们知道果树对营养元素的吸收,是有一定比例关系的。某种元素过多或过少都不是好现象,有的是造成浪费,严重的会影响其他元素的作用发挥,甚至产生一些生理性病害。搞清元素之间的协同作用和拮抗作用,对指导施肥有一定意义。

1. *营养元素之间的拮抗作用* 营养元素之间的拮抗作用是指某一营养元素(或离子)的存在,能抑制另一营养元素(或离子)的吸收。主要表现在阳离子与阳离子之间和阴离子与阴离子之间。

拮抗作用分为双向拮抗和单向拮抗。双向拮抗,如钙与钾、铁与锰等。

近年来,化学肥料三要素的过多施用,与其他元素产生了一定的拮抗作用,使我们不得不注意使用一些中微量元素肥料。如:氮肥尤其是生理酸性铵态氮多了,易造成土壤溶液中过多的铵离子与镁、钙离子产生拮抗作用,影响作物对镁、钙的吸收;磷肥不能和锌同补,磷肥和锌能形成磷酸锌沉淀,降低磷和锌的利用率;适量钾肥可提高作物抗病及抗逆能力,但过多使用反而会造成浓度障碍,使植物容易发生病虫害,继而在土壤和植物体内与钙、镁、硼等阳离子营养元素产生拮抗作用,严重时引起脐腐和叶色黄化,甚至减产。

中微量元素使用过多也会产生一些拮抗作用或诱发一些生理性病害。如:钙过多,阻碍氮、钾的吸收,易使新叶焦边,叶色淡;过量施用石灰造成土壤溶液中过多的钙离子,与镁离子产生拮抗作用,影响作物对镁的吸收,钙、镁可以抑制铁的吸收,因为钙、镁呈碱性,可以使铁由易吸收的二价铁转成难吸收的三价铁;缺硼影响水分和钙的吸收及其在体内的移动,导致分生细胞缺钙,缺硼还可诱发体内缺铁,使抗病性下降。

2. *营养元素之间的促进作用* 氮肥可以促进对磷的吸收,而足量施用磷、钾肥也会促进氮的吸收,提高化肥利用率。施用磷肥还可促进作物对钙的吸收。施用钾肥可促进作物对硼、铁的吸收。

镁和磷具有很强的双向互助依存吸收作用,可使植株生长旺

盛，雌花增多，并有助于硅的吸收，增强作物抗病性、抗逆能力。

钙和镁有双向互助吸收作用，可使果实早熟，硬度好，耐储运。

硼可以促进钙的吸收，增强钙在植物体内的移动性。

3. *营养元素之间的交互作用*　有些元素之间同时施用，其肥料效应会表现得更好(1 +1 > 2 效应)，如：磷与锰，硅与磷。有些元素可以削弱其他元素之间的拮抗作用，如：磷可以削弱铜对铁的拮抗作用。有些元素可以削弱某些元素对作物的毒害作用，如：钾肥能减轻氮肥、磷肥的不利影响，镁肥可消除过量钙的毒害作用。

四、矿质营养元素在果树体内的再利用

矿质营养元素通过果树的根部吸收进入果树体内后，就进入了体内的营养循环系统。在韧皮部中移动性较强的矿质养分，如氮、磷、钾和镁等，从根的木质部中运输到地上部后，又有一部分通过韧皮部再运回到根中，然后再转入木质部继续向上运输，从而形成养分自根至地上部之间的循环流动。在循环过程中，这些移动性强的矿质营养元素可通过韧皮部运往其他器官或部位，而被再度利用，这种现象叫作矿质营养元素的再利用。而另一些养分，如钙、硼、铁等在韧皮部中移动性很小，一旦被利用，就很难再次参与营养循环，这些元素不能被再度利用，称为不可再利用的养分。

养分再利用的过程是漫长的，需经历共质体（老器官细胞内激活）→质外体（装入韧皮部之前）→共质体（韧皮部）→质外体（卸入新器官之前）→共质体（新器官细胞内）等诸多步骤和途径。因此，只有移动能力强的营养元素才能被再度利用。

在植物的营养生长阶段，生长介质的养分供应常出现持久性或暂时性的不足，造成植物营养不良。为维持植物的生长，使养分从老器官向新生器官的转移是十分必要的。然而植物体内不同养分的再利用程度并不相同，再利用程度大的元素，营养缺乏时，这些养分可从植株基部或老叶中迅速及时地转移到新器官，以保证幼嫩器官的正常生长。而不能再利用的养分，营养缺乏时就不能从老部位运向新部位。了解营养元素的再利用状况，对我们施肥具有一定的

借鉴意义。在难于再利用的矿质营养缺乏时，通过根部施肥很难短期内达到效果，有必要进行根外补充，直接将养分喷于需要的器官上，如：枣树花期将硼素喷布花朵上，可有效提高坐果率，减轻缩果病等。

当然了解营养元素的再利用状况，对快速诊断缺素症状很有价值。再利用程度大的元素，营养缺乏时，这些养分可从植株基部或老叶中迅速及时地转移到新器官，养分的缺乏症状首先出现在老的部位；而不能再利用的养分，在缺乏时由于不能从老部位运向新部位，而使缺素症状首先表现在幼嫩器官。

第五节 果树施肥特点

果树生命周期长达十几年甚至几十年。所以，在施肥上既要满足当年不同生育阶段对养分的均衡需要，实现高产、优质，更要注意培养健康树势，实现连年稳产、优质，在施肥中还要加强对土壤的培肥，为果树生长创造良好的生态环境。因此，在果树施肥上表现出以下几个特点：

一、果树生命周期中的施肥特点

果树的生命周期，即年龄时期通常可划分为幼龄期、初结果期、盛果期和衰老期。幼龄期的果树，以长树为主，管理目的是促进地下部和地上部的生长旺盛，即扩大树冠，长好骨架大枝，准备结果部位和促进根系发育，增大光合作用面积。因此，在施肥与营养上，需以速效氮肥为主，并配施一定量的磷、钾肥，按勤施少施的原则，充分积累更多的贮藏营养物质，以满足幼树树体健壮生长和新梢抽发的需求，使其尽快形成树冠骨架，为以后的开花结果奠定良好的物质基础。进入结果期以后，从营养生长占优势，逐渐转为营养生长

和生殖生长趋于平衡。在结果初期，仍然生长旺盛，树冠内的骨干枝继续形成，树冠逐渐扩大，产量逐年提高。此期既要促进树体贮备养分，健壮生长，提高坐果率，又要控制无效新梢的抽发和徒长。因此在施肥与营养上，既要注重氮、磷、钾肥的合理配比，又要控制氮肥的用量，以协调树体营养生长和生殖生长之间的平衡关系。在施肥上应针对树体状况区别对待，若营养生长较强，应以磷肥为主，配合钾肥，少施氮肥；若营养生长未达到结果要求，培养健壮树势仍是施肥重点，应以磷、氮肥为主，配合钾肥。随着树龄的增长，营养生长减弱、树冠的扩大已基本稳定，枝叶生长量也逐渐减少，而结果枝却大量增加，逐渐进入盛果期，产量也达到高峰。此期常因结果量过大，树体营养物质的消耗过多，营养生长受到抑制而造成大小结果年，树势变弱，过早进入衰老期。所以处在盛果期的果树，对营养元素需求量很大，并且要有适宜比例的氮、磷、钾和中微量元素适时供应。在衰老期，施肥上应偏施氮肥，以促进更新复壮，维持树势，延长盛果期。

二、果树年周期中各物候期的施肥特点

果树在一年中随季节的变化要经历抽梢、长叶、开花、果实生长与成熟、花芽分化等生长发育阶段（即物候期）。果树的年周期大致可分为营养生长期和相对休眠期两个时期。在不同的物候期中，果树需肥特性也大不相同，表现出明显的营养阶段性。

果树是在上年进行花芽分化、翌年春开花结果。落叶果树于秋季果实成熟，而常绿果树则要到冬季果实才能成熟，挂果时间长，对养分需求量大。同时在果实的生长发育过程中，还要进行多次抽梢、长叶、长根等，因而易出现树体内营养物质分配失调或缺乏，影响生长或结果。

针对果树年周期中各物候期的需肥特性，要特别注意营养生长和生殖生长，营养生长与果实发育之间的养分平衡。一般在新梢抽发期，注意以施氮肥为主，在花期、幼果期和花芽分化期以施氮、磷肥为主，果实膨大期应配施较多的钾肥。

三、贮藏营养对果树特别重要

贮藏营养是果树在物质分配方面的自然适应属性。它既可以保证植株顺利度过不良时期(如寒冬),又能保证下一个年周期启动后的物质和能量供应。对第二年的正常萌芽、开花、坐果、新梢生长、根系发生等生长发育影响很大,并进一步影响果实膨大、花芽分化等过程。因此,提高树体的营养贮藏水平,减少无效消耗,是果树丰产、稳产、优质、高效的重要技术原则和主攻方向。

提高树体贮藏营养水平应贯穿于整个生长季节,开源与节流并举。开源方面应重视配比平衡施肥,加强根外追肥;节流方面应注意减少无效消耗,如疏花疏果,控制新梢过旺生长等。提高贮藏营养的关键时期是果实采收前后到落叶前,早施基肥,保叶养根和加强根外补肥是行之有效的技术措施。

四、施肥要顺应果树营养的贮藏、利用、转换规律

年周期中果树营养可分为四个时期:第一个时期是利用贮藏营养期,第二个时期是贮藏营养和当年生营养交替期,第三个时期是利用当年生营养期,第四个时期是营养转化积累贮藏期。营养生长和生殖生长对营养竞争的矛盾同样贯穿其中各个阶段。早春利用贮藏营养期,萌芽、枝叶生长和根系生长与开花坐果对营养竞争激烈,开花坐果对营养竞争力最强,因此在协调矛盾上主要应采取疏花疏果,减少无效消耗,把尽可能多的营养节约下来用于营养生长,为以后的生长发育打下一个坚实的基础。在施肥管理上,若上年秋季树势健壮,基肥充足,贮藏营养充足,此期可以不施肥;若贮藏营养不足,应早施速效肥料,以氮为主,配合磷、钾,缓解春季旺盛生长与贮藏营养不足的矛盾,保证果树正常生长发育。贮藏营养和当年生营养交替期,又称"青黄不接"期,是树体营养状况的临界期,若贮藏营养不足或分配不合理,则出现"断粮"现象,制约果树正常的生长发育。提高地温促进根系早吸收、加强秋季管理提高贮藏水平、疏花疏果节约营养等措施,有利于延长贮藏营养供应期,缓解矛盾。同理,若贮藏营养不足,早春及花后施肥也可缓解"断粮"矛盾。在

利用当年生营养期，营养供应中心主要是枝梢生长和果实发育，新梢持续旺长和坐果过多是造成营养失衡的主要原因。因此，调节枝类组成、合理负荷是保证有节律生长发育的基础。此期施肥上要保证稳定供应，并注意根据树势调整氮、磷、钾的比例，特别是氮肥的施用量、使用时期和施用方式。营养积累贮藏期是叶片中各种营养回流到枝干和根中的过程。中、早熟品种从采果后开始积累，晚熟品种从采果前已经开始，二者均持续到落叶前结束。防止秋梢过旺生长、适时采收、保护秋叶、早施基肥和加强秋季根外追肥等措施，是保证营养及时、充分回流的有效手段。

五、砧穗二项构成影响果树的营养

果树常采用砧木来进行嫁接繁殖，既可保证其优良的性状，又可适应不同的生态环境。果树树体由砧木和接穗两部分生长发育而成，故称为二项构成。其砧木形成根系，利用的是其适应性、抗逆性、矮化性和易繁性；而接穗形成树冠，利用其早果性、丰产性、优质性、稳定性和其他优良栽培特性。砧木和接穗组合的差异，会明显地影响养分的吸收和体内养分的组成。砧木主要通过影响根系构型、结构、分布、分泌物及功能来影响养分的吸收和利用，培育抗性强且养分利用效率高的砧木，是砧木选择和育种的主要依据之一。砧穗组合不同，其需肥特性也存在着明显差异，如矮化品种嫁接在乔化或半乔化砧木上，其耐肥性和需肥量明显增加，对肥水条件要求增高，若不能满足其肥水条件，则长势衰弱而出现早衰，在园地选择和施肥上要注意这一特性。不同砧穗组合对生理性缺素症的敏感性差异也较大，如：苹果的山荆子砧抗缺铁失绿能力较差，海棠砧则较强。因此，筛选高产、优质的砧穗组合，不仅可以节省肥料，提高肥料利用率，减少环境污染，而且可减轻或克服营养失调症。

六、施肥与果实品质关系密切

随着人们生活水平的提高，人们对果品质量有了更高的要求。果园的经济效益也由以前的取决于产量转向于产量、质量并重，甚至于质量更为主要。不但要求果品内在品质好，营养丰富，适口性好，而且要求具有较高的商品价值，即果个大小、果形、着色、表光等。而在现代丰产果园，尤其是密植果园，产量大幅提高，果实带走大量养分，施肥和土壤供应的养分与果树的所需养分之间产生矛盾，此时若施肥不当，极易造成品质不良，如：生产中存在的偏施氮肥、大量施氮，造成果实着色不良，酸多糖少，风味不佳。

若施肥供应营养元素不平衡，也会严重影响果品品质，如：果树缺钾，不利于果实膨大着色和糖分积累；果树缺硼不仅影响坐果，也易形成畸形果；果树缺钙，苹果易产生苦痘病、水心病，桃树易产生软腐病等。因此，我们应该把产量效益型施肥变为品质效益型施肥，大力提倡配方施肥和平衡施肥，稳定产量，提高品质，节支增收。

第六节 果树施肥时期

果树施肥时期的确定，必须依据果树的营养和施肥特点，尤其是不同物候期对营养的需求、根系的活动规律以及环境特点和肥料特性。对多数果树来说，主要有以下几个时期：

一、基肥

基肥是指在较长时期供给果树多种养分的基础肥料。果树基肥应以秋季为主，因为秋季对于果树来说，地上部叶片光合能力较强，地下部根系处于生长和吸收养分的高峰期，环境中昼夜温差大，土壤温湿度适宜，特别有利于施入土壤的肥料分解和利用，利于果树营养的积累和贮藏，这就为翌年果树的生长发育奠定了良好的物质条件。秋施基肥，还有利于提高地温，减少果树冻害。很多果农因秋季采果、售果时间紧张，而把施基肥的时间拖至冬季或春季，这在一定程度上会影响基肥肥效的发挥。如冬季施肥，地温低，微生物活动受影响，肥料分解慢。同样因为温度低根系吸收能力差，伤

根也难以修复，会减少营养的积累。春施基肥，因肥效迟缓而不能及时满足早春果树生长所需，肥效滞后又往往会导致后期枝梢再次生长，影响花芽分化和果实发育。

秋季施基肥时期，一般来说，早熟品种在采收后，中、晚熟品种在采收前，宜早不宜晚。据西北农林科技大学李丙智教授对苹果的试验研究，秋施基肥较冬施基肥翌年展叶早，花芽质量高，开花整齐，坐果率高。

基肥所选用的肥料种类，传统是以有机肥为主，但随着产量水平的提高，以及多数果区存在着春季干旱施肥效果不佳的状况，在基肥的使用上也增施了部分化学肥料和中微量元素。

二、追肥

追肥是在基肥基础上的补肥，是根据果树各物候期需肥的特点和缺肥情况而及时、适量补施速效肥料。追肥是在果树生长旺盛期间施用的肥料，其作用是调节生长结果的矛盾，保证高产、稳产、优质。

追肥的时期、次数与气候、土质、树种、树龄、树势等条件有关。高温多雨或沙质土壤，肥料宜流失，追肥次数宜多；寒冷少雨地区，果树生长季节短，肥料流失量少，追肥次数可少一些。结果树、高产树追肥次数宜多。一般一年追肥2～4次。根据实际情况，可酌情增减。一般果树适时追肥期如下：

1. *花前(萌芽)追肥*　此时正值果树萌芽开花、根系生长的生理活跃初期，开始消耗较多营养物质。但早春土温较低，吸收根发生较少，吸收能力也较差，主要是靠消耗树体贮存养分。若树体营养水平较低，此时氮肥供应不足，则导致大量落花落果，树势减弱。因此，对弱树、老树和结果过多的大树，此期应加大氮肥用量，以促进萌芽、开花整齐，提高坐果率，加速营养生长。若树势强，秋施基肥数量充足时，花前肥可推迟到花后。我国北方果产区早春干旱少雨，花前追肥必须结合浇水，以促肥效。

2. *花后追肥*　花后追肥也称稳果肥，是在落花后坐果期施入。

花后也是果树年周期中需肥较多的时期。此期幼果细胞分裂增生，枝梢迅速抽发，特别是对氮素需求量大。追施以速效氮肥为主或选用高氮的有机无机生物肥，配施少量磷、钾肥，能促进枝梢生长，增大叶面积，提高光合效能，减少生理落果。一般果园花前肥和花后肥可互相补充，如花前追肥施量大，花后可少施或不施。相反，花前不追肥，花后可加量追肥。

3. 果实膨大期追肥　此期正值部分新梢停长，花芽开始分化，生理落果前后，果实生长迅速，需肥需水量大。追肥可提高光合强度，促进养分积累，有利于果实增大和花芽分化。此次追肥既保证当年产量，又为翌年结果奠定营养基础，对克服大小年结果尤为重要。此期施肥增产效果明显。

追肥选用肥料为氮肥和磷肥，并适当配施钾肥。追肥不能过早，正赶上新梢生长和果实膨大期，施肥反而容易引起新梢猛长，造成大量落果。对结果不多的大树和新梢尚未停长的初果树，要注意适量控制氮肥施用。

4. 果树生长后期追肥　此期追肥主要解决大量结果造成树体营养物质亏缺和花芽分化的矛盾。尤以晚熟品种后期追肥更为必要。

但生产实践中一年四次追肥难度较大，落叶果树重点施好基肥和花芽分化肥，常绿果树重点追施催春梢肥和后期壮果肥。

第七节

果树施肥方法

一、环状施肥

适用于幼树施基肥，方法为在树冠投影外缘 20 ~ 30 厘米处挖宽 30 ~ 50 厘米、深 20 ~ 40 厘米的环状沟，把肥料施入沟中，与土壤混

合后覆盖，见图 2 -3。随树冠扩大，环状沟逐年向外扩展。此法操作简便，但挖沟时易切断水平根，且施肥范围较小，易使根系上浮分布表土层。

图 2 -3　环状施肥

二、条沟状施肥

在树的行间或株间树冠投影处内外开沟施肥，沟宽、沟深同环状沟施肥，见图 2 -4。此法适于密植园施肥，注意每年更换位置。

图 2 -4　条沟状施肥

三、放射状沟施肥

在树冠下，距主干 0. 8 米以外处，顺水平根生长方向呈放射状挖 5 ~ 8 条施肥沟，宽 30 ~ 40 厘米，深 20 ~ 40 厘米，将肥施入，见图

2－5。为减少大根被切断，应内浅外深。可隔年或隔次更换位置，并逐年扩大施肥面积，以扩大根系吸收范围。

图2－5　放射状沟施肥

四、穴状施肥

在树冠滴水线内侧、外侧或交错，每隔50厘米左右挖穴一个，依据树冠大小确定施肥穴数，小树4～5个，大树6～8个，直径30厘米左右，深20～30厘米，见图2－6。此法多用于追肥。

图2－6　穴状施肥

五、全园施肥

在果园树冠已交接，根系已布满全园时，先将肥料撒于地面，再翻入土中，深约20厘米。因施肥浅，常诱发根系上浮，降低根系抗逆

性。若与其他施肥法交替施用，可互补不足，充分发挥肥效。

六、叶面施肥

果树主要通过根系吸收养分，但也可通过叶片表皮细胞和气孔吸收少量养分，生产上利用叶片吸收养分的特点，在叶面上喷施一些营养元素的施肥方法称为叶面施肥，又称根外追肥或叶面喷肥。果树叶面施肥相较于根系吸收的养分量虽然很小，但合理使用却能达到事半功倍的效果。

1. 叶面施肥的应用范围　叶面施肥通常在以下几种情况下使用：一是在果树根系吸收功能出现障碍时，如土壤环境不良，水分过多或干旱低湿条件，土壤过酸、过碱或作物生长后期根系吸收能力衰退等；二是某些矿质元素易被土壤固定，根际追肥又难以快速发挥作用时，如磷元素；三是作物需要的矿质营养在体内难以再利用时，可以直接喷施到需要部位，如微量元素铁、钙、硼等；四是营养临界期快速补充营养；五是不便大量补充的营养，如果树后期为维持叶片功能而喷施的氮素；六是补充某些利于调剂生理机能和改善果品品质的微量特殊营养，如生长素、激素类。

叶面施肥的突出特点是针对性强，养分吸收快，用量省，见效快，不同营养进入叶片内部的时间在15分至1小时不等，所以叶面喷肥已成为果树生产上的一个重要施肥途径。

2. 叶面施肥的技术要点

(1)喷施浓度要合适　在一定浓度范围内，养分进入叶片的速度和数量，随溶液浓度的增加而增加，但浓度过高容易发生肥害，尤其是微量元素肥料。一般来说喷施浓度在不发生肥害的前提下，应尽可能采用高浓度，最大限度满足果树对养分的需求。生长季节常用的叶面喷肥浓度为：尿素0.2%～0.5%、硫酸钾(氯化钾)0.3%～0.5%、磷酸铵0.5%～1%、磷酸二氢钾0.2%～0.5%、过磷酸钙0.5%～1%、草木灰1%～3%、腐熟人畜尿10%～30%、沼液50%～100%、氮磷钾三元复合肥0.3%～0.5%、硫酸锰0.2%～0.3%、硼砂(酸)0.1%～0.2%、硫酸锌0.1%～0.2%、硫酸亚铁

0.1% ~0.3%、硫酸镁0.1% ~0.3%、硝酸稀土0.05% ~0.1%、硫酸铜0.03% ~0.05%。具体使用时的浓度大小可因树种、叶龄、气候、物候期、肥料品种而定,一般是气温低、湿度大、叶龄老熟、肥料对叶片损伤轻的可使用浓度大些,反之浓度小一些。生产上可将两种或两种以上的叶面肥合理混用,但注意浓度一般不超过3%。

(2)喷施时间要适宜　叶面施肥时叶片吸收养分的数量与溶液湿润叶片的时间长短有关,湿润时间越长,叶片吸收养分越多,效果越好。一般情况下保持叶片湿润时间在30~60分为宜,因此,叶面施肥最好在傍晚无风的天气进行;在有露水的早晨喷肥,会降低溶液的浓度,影响施肥的效果。雨天或雨前也不能进行叶面追肥,易造成养分淋失,若喷后3小时遇雨,应补喷。

(3)喷施部位要准确　叶面施肥时,叶的正反两面都要喷施,尽量细致周到。尤其要喷布到气孔较多的叶背面以利于吸收。此外,不同营养元素在体内的移动性和利用程度不同,多数微量元素在体内移动性差,喷布时直接用到所需器官上效果更好。如硼喷到花朵上可提高坐果率,钙喷到果实上能减轻缺钙症及提高耐贮性。

(4)喷施次数要充足　补充叶面营养,喷施次数一般不少于2次。对于在作物体内移动性小或不移动的养分(如铁、硼、钙等),更应注意适当增加喷施次数。喷施应有时间间隔。在喷施含调节剂的叶面肥时,间隔期应在一周以上,喷洒次数不宜过多,防止出现调控不当,造成危害。

(5)喷施肥料品种要选择　用于叶面喷施的肥料应是完全水溶性、无挥发性和不含氯离子等有害成分的。选用肥料时,还要注意不同树种对同一肥料的反应,如苹果喷施尿素效果明显,柑橘次之,其他果树较差。梨和柿子吸收磷最多,柑橘和葡萄次之。在肥料混喷时,还要注意避免发生拮抗作用,铁、锌、锰和铜最好使用螯合态的,不然不可以与磷一起施用。钙、镁不要和磷一起喷施,混用会出现不溶性沉淀。

(6)在肥液中添加湿润剂等物质　作物叶片上都有一层厚薄不

一的角质层，影响溶液的渗透。在叶肥溶液中加入适量的湿润剂，如中性肥皂，质量较好的洗涤剂等，可降低溶液的表面张力，增加与叶片的接触面积，提高叶面追肥的效果。在溶液中加入少量蔗糖可减轻喷施浓度偏高造成的危害。

七、水肥一体化施肥

水肥一体化施肥是近年来新兴的也是发展很快的一种施肥技术。它是在灌溉施肥的基础上发展而来，通常灌溉施肥是将肥料溶液注入灌溉输水管道而实现的。而现在果农多是利用果园喷药的机械装置，包括配药罐、药泵、三轮车、管子等，稍加改造，将原喷枪换成追肥枪即可。追肥时再将要施入的肥料溶解于水中，用药泵加压后用追肥枪施入果树根系集中分布层的一种施肥方法，具有显著的节水、节肥、省工的效果。其精准度高、肥效快，可控性强，对缺水的干旱及半干旱地区也具有很好的利用价值。

八、树干注射和吊瓶输注施肥

注射施肥是将果树所需要的肥料从树干强行直接注入树体内，多靠机具压力如强力树干注射机，将进入树体的肥液输送到根、枝和叶部，可直接为果树所用或贮藏于木质部，长期发挥效力。吊瓶输注施肥，类似于人体打吊针的方法，将果树需要的肥料溶液瓶装吊在果树上部，用输液管连接针头扎于主干木质部，靠重力压力缓慢将肥料输入果树体内而为果树吸收。这两种方法多用于补充中微量元素肥料，如缺铁黄叶等，时间以春、秋两季为好，春季萌芽前越晚越好，秋季采果后越早越好。

施肥对果树产量、果品质量和生态环境有着双重的影响，合理施肥、按需培肥、科学用肥意义重大，请看：

第三章
施肥对果树的影响

第一节

施肥对果树产量的影响

肥料是为了使作物生长发育良好和产量增加而施用的。一般来说,多数作物在土壤供肥水平低下、作物缺肥严重时,其产量随着施肥量的增加而迅速增加;当中度缺肥时,施肥后作物产量上升速度缓慢;营养达到丰富的范围时,产量维持在较高的水平,若进一步过量施肥,无机盐浓度过高,达到毒害程度时,产量反而下降。果树施肥与产量之间也存在着这样的趋势,但由于多数果树产量往往与上年花芽分化和树势有很大关系,所以产量与当年施肥量的相关性没有大田作物那样明显,而且不同的肥料对产量的效应也不同,据沈阳农业大学王春枝等在《中国果树》发表的“氮磷钾肥对红富士苹果产量、品质和叶片矿质元素含量的影响”一文摘,对于苹果的产量,钾肥效应最大,其次为氮肥,磷肥最小;对于苹果的单果重,氮肥的效应最大,其次为钾肥,磷肥最小。氮、磷、钾肥的配合施用效果最好。

据中国农业大学席瑞卿等在陕西白水县做的“不同施肥水平对苹果产量、品质及养分平衡的影响”试验(表 3－1),在磷、钾肥较为固定的情况下,低氮水平产量较低,随着施氮量的增加产量有所提高,当亩氮肥用量达到 36 千克时,产量又有下降。虽然不同处理产量绝对值差异较大,但减少或增加施氮量并没有显著差异。

表 3－1　不同施肥水平对苹果产量、品质及养分平衡的影响

处理	施肥　(千克/亩)			产量(千克/亩)
	氮	五氧化二磷	氧化钾	
低氮	12	12	24	771

续表

处理	施肥 （千克/亩）			产量（千克/亩）
	氮	五氧化二磷	氧化钾	
中氮	24	12	24	967
高氮	36	12	24	875. 5
优化	26. 4	18	24	1 301. 1
传统	13. 5	11. 4	4. 3	1 028. 5

分析原因，可能是果树具有贮藏营养的特性，自身有很强的养分调节能力，因此对肥料反应没有大田作物、蔬菜等反应敏感。

毫无疑问，施肥是获取高产、稳产的重要措施之一。但从上面试验可以看出，并不是施肥越多产量越高，施肥过多也是一种浪费，还会增加成本，使整体效益下降。过量施入某种肥料，还会引起营养元素之间的不平衡。如施磷肥过多则果树吸收锌、铁量不足。过量施用高氮高钾肥，也会抑制果树对土壤中钙离子的吸收，影响果实的品质。所以优质果产量的提高，不仅要注意肥料的用量，更要注意营养元素间的平衡。

第二节 施肥对果实品质的影响

农作物产品品质除决定于作物本身的遗传特性外，还受到养分供给、土壤特性、气候条件等因素的影响。施肥对果实品质的影响，主要表现在两个方面：一是用肥的种类和配比，二是肥料用量。不同肥料对果实品质影响差异很大。

一、用肥的种类和配比对果实的影响

1. 用肥的种类对果实的影响

(1)有机肥 大量试验证明,增施有机肥可以有效改善果品品质,主要表现在减少果实生理病害,如苹果缩果病、苦痘病等,在有机肥不足时发生严重,增施有机肥,病害减轻或消失,这与有机肥中含有硼、钙等多种中微量营养元素有关。其次施有机肥可以改善果实风味,使果实酸甜适口,芳香浓郁。再次有机肥可提高果实的商品品质。据研究有机肥可显著提高苹果表皮花青素含量和果实着色指数,果园种植绿肥或施羊粪后,全红果率为41%,比施用氮磷钾三元素复合肥料的果园全红率提高22.5%。日本的普通红富士苹果、美国华盛顿州的红星苹果之所以能全红,主要原因之一是土壤有机质含量高达3%以上。

(2)无机肥 无机肥中对果实品质影响较大的主要有氮、钾、钙、硼等营养元素。

1)氮肥 氮肥对果实的大小有着关键作用,与含糖量、口感风味也密切相关。但氮肥对果品品质的影响具有波动性,据张春胜研究,在100千克果施纯氮1.0千克范围内,随氮肥用量增加,茌梨果实酸度降低,总糖量增加,糖酸比提高;氮肥用量增加至1.25千克后,品质降低。张绍玲研究指出,氮肥使用过多,会使果实糖度降低,着色指数下降,青果比例提高,风味变淡,品质变差。适时施用氮肥,能提高果实含糖量和着色度,降低生理病害的发生率,要避免过多施氮,以氮稍欠为宜,尤其要防止采前施氮。

2)钾肥 钾肥能促进果实增大,改善果实的品质,提高其商品价值。合理范围内钾肥的施用量,与果实固形物和含糖量、色泽趋于正相关。富士系苹果施用钾肥能使果实表面光洁,表皮花青素含量高,着色指数大,成熟时果色发育好。酥梨施钾肥,可使果实固形物提高至1%以上,可溶性增加糖0.51%~0.55%,糖酸比及Vc含量也有明显提高。钾肥还能增强果实的抗病能力,提高耐贮性。但过量钾肥会使糖及可溶性固形物降低,果肉松绵,硬度降低,风味变差，另外还会引起缺镁和缺钙的症状。

3）钙肥　钙肥作用与钾肥类似，与果实香味成正相关，适量增施钙肥能提高果品品质。柑橘施用钙肥后，在提高产量的同时，还降低了含酸量，提高了糖酸比。果实采前喷钙还能提高果品的硬度和耐贮性，减缓果实衰老。另外，苹果的水心病、苦痘病、红斑病、梨的褐豆病以及桃、山楂等的采前裂果症均与供钙水平有关。

4）硼肥　硼肥利于花芽发育，花粉管伸长和授粉受精，花期喷施硼肥，可提高坐果率，减少缩果病，提高单果重等。

从影响单果重方面来说，据王春枝等研究，氮、磷、钾肥对红富士苹果单果重的影响由大到小依次为氮肥 > 钾肥 > 磷肥，三元素配合施用效果最好，而以氮、钾肥配合最为明显。

从影响总糖和糖酸比方面来说，王春枝等研究表明，无钾处理影响最大，其次是无氮，无磷影响最小。

2. 肥料配比对果实的影响　营养元素对果实品质的影响不是单一的，在果树正常发育过程中要有一定的比例配合，才会有更好的效果。

多位专家通过试验研究指出，苹果配方施肥氮、磷、钾适宜比例为1∶0.52∶0.95，对品质提高有明显的促进作用，一级果达到79.5%，比常规施肥增加29.5%，果实提早着色5～10天，色泽浓，果皮细胞角质层厚，蜡粉光亮透明，全红果率比常规施肥提高33%。鸭梨配方施肥氮、磷、钾适宜比例为1∶0.5∶1，可增加果实含糖量，口感好，使品质得到明显改善和提高。山楂配方施肥氮、磷、钾适宜比例为1.5∶1∶2。在葡萄无核化栽培种，有机肥作为基础，配施少量化肥，氮、磷、钾比例控制在1∶（0.3～0.5）∶1，有利于果实外观和内在质量的提高。

二、肥料用量不同对果实的影响

施肥量不同对果实品质的影响也很大。大量试验表明，在土壤肥力较低又不施肥的情况下，作物产量和品质都很低，随着施肥量的增加，作物的产量和品质（参数）增加，当施肥量达到一定水平时，

继续增加施肥量以谋求更高产量时，则品质(曲线)明显先于产量(曲线)下降，负面的品质(参数)迅速增长。所以，不可盲目地加大施用量，应以地力、树势、产量等结合考虑进行科学的平衡施肥，才能达到提高产量和改善品质的目的。

第三节 施肥对果树生产土壤环境的影响

合理施肥可以不断地提高土壤肥力，增加土壤的可持续生产能力。新中国成立以来，肥料的应用由单一的农家有机肥，发展到有机肥和化肥配合使用，在化学肥料由单一的化合氮肥发展到氮、磷、钾及中微量元素配合使用，大大提高了土壤肥力和生产能力。但不可否认的是，在长期的施肥过程中，也对土壤环境质量造成了一些负面影响，而且有加重的趋势，这必须引起我们的高度重视。

施肥对土壤环境的影响，主要体现在两个方面：一是化肥的不平衡施用引起其他养分元素的耗竭，降低土壤肥力；二是造成土壤污染。

1. 化肥的不平衡施用引起其他养分耗竭，降低土壤肥力　土壤中存在的某些限制因子没有通过施肥纠正，偏施某一种或其他肥料，则不仅不能获得应有的增产效果，还会使其他养分元素消耗过度，降低土壤肥力。据姜远茂等研究，当前果区氮肥利用率为25.4%，磷肥为5.5%，钾肥为42.3%，形成了高投入、低产出和高浪费。而以前很少施用的微量元素肥料增产幅度却明显提高。据报道，施锌在多种作物上都有效，增产幅度一般为10%，陕西在苹果上施锌肥增产幅度最高的可达41.3%。江苏土肥站在柑橘上施硼肥可增产20%～30%。现在很多果区喷施钙肥对防止苹果苦痘病、桃子顶腐病均有明显效果。这都表明氮、磷、钾化肥的过量施用，已造成了中微量元素的耗竭和缺乏，有待通过监测分析，平衡施肥予以调整。

2. 农业施肥造成土壤污染　施肥对果园土壤的污染主要有化学污染、生物污染和物理污染。

(1) 化学污染　化学污染如尿素中含有缩二脲，磷肥和钾肥中存在有放射性物质和有害金属。多数磷肥含有砷、镉、铬、氟和钯等。一些微量元素肥料使用过量或不当，也会对土壤造成污染。"工业三废"（废水、废气、废渣）和"生活三废"（垃圾、粪便、生活污水）中常常混有毒重金属等，都不能用于无公害农产品生产。土壤中这些重金属和有毒有害物质，有些影响果树的生长，如铜、镍以及缩二脲；有些通过作物食用部分危害人们身体健康，如镉、汞、铅等；有些既影响作物生长也影响农产品品质，如砷等；长期施用化肥对土壤酸碱度也有较大影响，如过磷酸钙、硫酸铵、氯化铵以及氯化钾属生理酸性肥料，许多耕作土壤酸化与生理酸性肥料的长期施用有关。

(2) 生物污染　生物污染主要是由于未经无害化处理的有机肥、垃圾、粪便中常含有可致植物病害和污染农产品、危害人体健康的病原微生物。

(3) 物理污染　物理污染主要来自未清理的垃圾如碎瓦块、旧薄膜等会降低土壤通气、透水、保肥的能力，妨碍作物根系生长。

此外，土壤中大量施用化肥尤其是氮素化肥，加快了土壤中有机碳的消耗，降低了土壤的有机质含量，并且降低了有机质的活性和土壤的阳离子交换量，影响土壤有机—无机复合体的性质，使土壤的结构趋于恶化，造成土壤板结，保水保肥能力下降等。近年来，不断有果园土壤次生盐渍化和酸化的报道，高含量的盐分通过渗透胁迫，离子毒害和营养缺乏胁迫危害植物，造成植物吸水困难，生长受阻，生理病害加重，这都与施肥污染有着直接关系。

施肥既要实现高产，还要提高品质，要为人们提供健康、安全的果品，长远来说，还要以提高土壤生产力为目标，这样才能不断地提高土壤可持续生产能力。

果树科学施肥，产业有需求、果农有期盼、环境有压力、市场有调节……具体内容，请看：

第四章 果树科学施肥的一般原则

第一节 高产高效优质低耗原则

过度施用化肥容易引起土壤中盐类浓度增加,轻则影响果树正常生长,重则导致土壤的次生盐渍化。因此,施肥前必须进行肥力测定,进行科学合理的施肥,切忌盲目施肥。果树对肥料的反应因果树种类、土壤类型等情况而变化。即使这些因素都相同,它还受当地气候和生长季节的影响。因此,需要根据当地具体情况和果树种类(甚至不同品种)来进行施肥量试验。不同果树从土壤中带走的养分种类和数量是不同的。不同果树种类之间,由于单产不同,单位面积的养分吸收总量也不相同。要做到果树施肥高产高效优质低耗,必须坚持四项基本原则:

一、养分归还学说

养分归还学说最早是由德国科学家李比希提出的。他把农业看作是人类和自然界之间物质交换的基础,也就是由植物从土壤和大气中所吸收和同化的营养物质,被人类和动物作为食物而摄取,经过动植物自身和动物排泄物的腐败、分解过程,再重新返回到大地和大气中去,完成了物质归还。

不同果树从土壤中带走的养分种类和数量是不同的,不同种类果树之间,由于单产不同,单位面积的养分吸收总量也不相同。为了不断提高土壤的再生产能力,养分归还不再应是简单的收支平衡,而应逐步均衡地提高,才能不断地提高果园生产水平。

二、最小养分率

决定作物产量的是土壤中相对含量最少的养分。无论种植什么作物,为了获得一定的产量都需要从土壤中吸取多种营养元素,而决定植物产量的却是土壤中那个相对含量最小的有效植物生长

因素，即最小养分，产量也在一定限度上随着这个因素的增减而相对地变化。最小养分是指土壤中相对作物需要而言含量最少的养分，而不是土壤中绝对含量最少的养分。从营养意义上讲，最小养分就是影响作物产量提高的制约因素或主要矛盾。

最小养分随条件变化而变化。最小养分是限制果树产量提高的关键因素，因此，合理施肥就必须强调针对性。最小养分律在生产上运用的关键是施肥要有针对性，没有针对性的施肥必然是盲目施肥。施肥实践证明，一种最小养分得到补充后，就会出现另一种新的最小养分。这表明土壤养分平衡是相对的、暂时的，而养分不平衡是绝对的、长期的。树立起这一辩证观点，才能不断地发现施肥中的新问题，通过科学施肥，不断地解决问题，使果树产量逐步提高成为可能。

三、报酬递减率

在肥料报酬递减的过程中，一般会出现三种情况，它们是判断施肥合理与否的重要标志：第一种情况是在达到最高产量之前，尽管肥料报酬在递减，但仍然能增产，是正效应，此阶段为合理施肥阶段；第二种情况是达到最高产量，肥料报酬等于零，施肥已不增产，这时的施肥为合理施肥量的上限；第三种情况是超过最高产量后，肥料报酬小于零，此时施肥量的增加不但不能增产，还会减产，为不合理施肥阶段。报酬递减率告诫人们果树施肥要有限度，不总是施肥越多越好，要有经济效益的观念，在合理施肥阶段，确定最经济的施肥量。

四、因子综合作用律

肥料肥效的发挥，还与具体的使用环境、肥料特性和施用技术有密切的关系，我们常说施肥要“看天、看地、看作物”。“看天”就是看温度、湿度、降雨、光照等气候因素对肥效有无影响；“看地”就是根据土壤的质地和肥力进行施肥；“看作物”就是根据作物需肥规律和产量、质量要求以及当时的长势进行施肥。严格地说，要做到依据气候条件、土壤条件、作物营养和长势、肥料特性以及农业技术条件来确定具体的果树施肥技术，才便于更好地发挥肥效。

果树丰产是影响果树生长发育的各种因子如水分、养分、光照、空气、温度、品种等，以及耕作条件等综合作用的结果，其中必须有一种起主导作用的限制因子，产量也在一定程度上受该种限制因子制约。为了充分发挥肥料的增产作用和提高肥料的经济效益，一方面施肥措施必须与其他农业技术措施配合，另一方面各种养分之间应配合施用。

合理的施肥措施能使果树单产在原有水平的基础上有所提高，因此“高产”指标只有相对意义，而不是以绝对产量为指标。通过合理施肥，不仅提高产量和改善品质，而且由于投肥合理，养分配比平衡，从而提高了产投比，施肥效益明显增加。“高效”是以投肥合理、提高产量和改善品质为前提的。单纯以减少化肥投入，降低成本，来提高肥料的经济效益，是难以真正实现高产高效的。

第二节 优质营养原则

果品作为人类生活中的重要副食品，其品质的高低直接影响着人类的身体健康，同时也是果树产品商品价值的重要体现。果树的品质实际是果实品质，一般包括四个方面：感官品质、营养品质、安全品质和加工品质。

1. *感官品质* 果实的感官品质又称商品品质、外观品质，主要包括色泽、气味、形状、大小、冻伤、表皮结构、有无瑕疵及整齐度、整洁度、鲜嫩度等方面。不要忽视果实的感官品质，因为它往往是果实其他品质的外在表现，不良的感官品质很可能是营养品质或安全品质低劣造成的。

2. *营养品质* 果实的营养品质由风味和营养两部分组成。构

成果实风味的物质主要指糖、酸及芳香物质等。营养价值则取决于对人体有益成分含量的高低。有益成分主要包括蛋白质、维生素、矿物质、脂肪、可溶性固形物及特殊物质(如SOD)等。果实营养价值的高低与这些物质的含量呈正相关关系。每种果实都有一定的营养价值,有的还具有某种特殊的营养价值,如苹果果实中的SOD成分。

3. 安全品质　果实的安全品质也叫卫生品质。主要是指果实中有害成分的含量,即化学污染和生物污染的程度。主要包括病菌、寄生虫卵污染、农药残留、硝酸盐累积、重金属富集等,这些物质的含量越低,果实的安全品质就越高。无公害果实中这些物质的含量必须控制在国家标准规定指标之内。

4. 加工品质　与本书内容关系不紧密,不再赘述。

氮肥是果树生产上施用量最多的化肥,也是对果实品质影响最大、施用中存在问题最多的肥料。施肥对果实感官品质的影响是非常明显的,不管是施肥不足,引起养分缺乏,还是施肥过量,导致土壤养分过剩,都能在果实感官品质上表现出来。

要保证果树优良品质,在施肥上必须做到以有机肥为主,化肥为辅,在化学肥料的施用上必须做到平衡施肥,即大量元素之间的平衡及大量元素与微量元素之间的平衡。

第三节

改土培肥原则

果树具有生长速度快,需水、肥数量大,产量高等特点,因而对土壤条件有较高的要求。适宜在土壤肥沃、结构良好、地下水位低、蓄水保肥能力强、有害物质少、无大量病虫寄生的土壤上生长,基本要求有以下三点:

1. 土层深厚、团粒结构好　果树根系发达，入土较深，要求深厚而疏松的土层，熟化层厚度应在 40 厘米以上，容重为 1.1～1.3 克/厘米^3，总孔隙度大于 55%，大孔隙大于 10%，土壤三相比大体为固相 40%、气相 28%、液相 32%，这样的土壤既有一定的保水保肥能力，又有良好的稳温性和通气性，有利于根系进行正常的呼吸，能增加对肥、水的吸收。

壤土是最理想的土质。因为沙性土虽耕作阻力小，排水和通气性好，但漏水漏肥；黏性土保水保肥力强，但排水通气不良，影响果树根系生长发育。而壤土介于两者之间，形成团粒结构较多，具有较好的排水透气和保水保肥能力，适宜果树的良好生长。

2. 土壤肥沃、有效养分高　果园土壤在良好的耕作和施肥条件下，不断向熟化方向发展。

据研究，优良果园有机质为 2.5%～3.5%，碱解氮(N)＞100 毫克/千克，有效磷(P)＞50 毫克/千克，速效钾(K_2O)＞200 毫克/千克，见表 4－1，同时还要含有一定数量的有效态硼、硅、锰、锌、铜、铁、钼等，盐分含量应低于 0.2%，土壤反应为微酸性到中性，因为大多数果树适宜生长在 pH 6.2～6.8 的土壤中。

表 4－1　果园土壤氮、磷、钾分级指标

（姜远茂等汇总我国各地果园土壤养分分级标准）　单位：毫克/千克

指标	碱解氮	有效磷	速效钾
高	＞100	＞50	＞200
较高	75～100	30～50	100～200
中	50～75	15～30	50～100
低	＜50	＜15	＜50

3. 土壤中有害物质少　土壤是人类赖以生存的自然资源，但当外来的污染物超过土壤的自净能力时，就会破坏土壤的正常机能，使之失去自然生态平衡，成为我们生活中的化学定时炸弹，从而严重影响农作物的产量和品质。果树对土壤中多种重金属的富集量

较多，因此要求土壤未受“三废”污染，且有害重金属含量低。

果树长期种植在一个地方，对养分的选择吸收以及施肥不平衡，常导致土壤养分不合理，土壤板结、结构破坏，蓄水保肥能力下降，盐害、酸害严重，不当地施用除草剂和农药，也会使土壤微生态环境遭到破坏，有害物质增加、土传病害增多，果树生存环境变差。据中国农科院土肥所统计，新中国成立以来我国有机肥用量越来越少，化肥用量越来越多，在农田中有机肥养分所占比例由新中国成立初期（1957 年）的 99.9%，至 2000 年下降到 30.3%。有资料表明，目前我国土地面积是世界的 1/10，化肥用量却占世界总量的 1/3，其中氮肥用量占世界总量的 1/6。肥料的不合理施用，对果树生产带来的危害越来越多，西北黄土高原苹果适生区的一些地方因土壤和肥料管理不当，引发果树腐烂病等病害增多，应是结果盛期的果树却早衰死亡；胶东半岛也有因土壤肥料管理不当，很多果园土壤板结、酸化严重，死树现象严重发生。这些都足以说明改土培肥、修复土壤对果树生产的重要性。

综观各地报道，果树土壤改良的方法有以下三种：

1. 抓好果园基本建设，改善土壤物理条件　果园建设的首要任务是建立好灌溉和排水设施，能做到灌得上，排得出，防止旱涝危害。水利条件好的果园，要平整好土地，配套沟渠建设；水利条件较差的果园，推行隔行浇灌或穴施肥水技术；山坡地果园要因地制宜，修建梯田和鱼鳞坑，纳雨蓄墒，增强保水措施。有条件的地方，采用渗灌、滴灌等节水灌溉技术，既能提高水的利用率，又可避免因漫灌带给果园环境的恶化，值得大力推广。

2. 深耕改土　果树根系发达，要求有深厚的活土层。应在施用有机肥料基础上，逐步加深行间的活土层，一般 2 ~ 3 年深耕或深翻一次，以改善土壤通气状况，促进果树根系健壮生长。

3. 增施有机肥　增加有机肥用量和推广果园种植绿肥和生草，可有效提高土壤有机质含量，改善土壤理化性质，简而言之，改土培肥就是要通过有机肥与化肥的配合施用，在实现果园高产稳产的同时，使果园土壤肥力有所提高，从而达到改土目的，这是建设高产稳产果园的重要内容。果园土壤经过改良，培肥，不仅可以提高土壤中有效养分的含量，而且对土壤物理性状，如通气性、透水性、保肥性、耕作以及容重等也起到了改善作用，从而提高土壤的缓冲性和抗逆性。

第四节 环境友好原则

通过合理施肥，尤其是定量施化肥，控制氮肥用量，使土壤和水源不受污染，从而能保护环境，提高环境质量。

一、保护环境，科学施肥措施

1. *增施有机肥*　有机物在腐解过程中，可以形成有机胶体，而有机胶体对阳离子有很强的吸附能力。当化肥施入土壤后，由于阳离子多为胶体所吸附，于是存在于土壤溶液中的数量相对减少，从而使土壤溶液的浓度不会升得过高。

2. *限量施用化肥*　化肥一次施用量过大时，使土壤溶液浓度过高是造成果树肥害的主要原因，如果将化肥的一次施用量控制在适当数量之内，肥害的发生将大大减少。

3. *全层深施化肥*　同等数量的化肥，在局部施用时，阳离子被土壤吸附的量相对较少，可造成局部土壤溶液的浓度急剧升高，导致部分根系受到伤害。如改为全层深施，做到土肥交融，就能使肥料均匀分布于整个耕作层，被土壤吸附的阳离子数量相对增多，土壤溶液的浓度就不会升得过高，从而使作物避免受伤害。同时，由于深施被土壤颗粒吸附的机会增加，氨的挥发因此减少，地上部发生焦叶的危害减少，同时，适当浇水保持土壤湿润，可以降低土壤溶液浓度，避免发生浓度伤害。

4. 加快高效缓释肥料和精制有机肥的开发与应用　利用已经较为成熟的复混(合)肥生产技术,在对氮肥进行改性、包膜、包裹的基础上,组装生产高效缓释肥料,既简化施肥,减少果园劳动力投入,又降低化肥的释放速率,提高肥料的利用率。结合平衡施肥技术的应用,可有效降低氮肥用量,减少硝酸盐在果树体内的富集,从而提高果实的品质。此外,充分利用现有的畜禽粪便资源,引进和筛选降解菌种,生产精制生物有机肥,提高果园有机肥的用量,减少化肥的施用,减少环境污染,提高果实品质。

5. 科学施肥　科学施肥是解决过量用肥而引起硝酸盐积累的重要手段,果树体内养分不平衡是导致硝酸盐积累的内在原因,而土壤氮素供应过多则是其外在原因。因此应大力推广平衡施肥技术。

(1)大力开展测土施肥和果树营养诊断施肥技术　应尽快、尽早建立完善的技术服务体系,大力发展时效性强、成本低、见效快、操作性好的施肥新技术,根据地力养分状况和果园养分丰缺指标,科学合理地投入肥料。

(2)改进肥料的施用方法,最大限度地提高化肥利用率　果树应按产量确定有机肥用量,一般按计划收获 1 千克果实,施入 1 ~ 1.5 千克有机肥,有机肥施用要注意必须腐熟,以防伤害根系;由于其养分释放慢,作基肥或前期施用最好;有机肥在土壤中不存在淋失,所以施用深度要在果树根系水平分布的中下部位。化肥要注意深施,追肥后及时浇水,增施钾肥,大力宣传推广滴灌施肥,根部注射施肥,应用缓释肥等措施,尽量提高化肥利用率。

6. 推广生物肥　生物肥是近年来无公害果树生产的新型肥料。该肥施入土壤后,不仅能释放土壤中的迟效养分,供作物吸收利用,还能在一定程度上减少病害的发生及病虫害防治次数,减少农药残留,不但有利于提高果实品质,还有利于生态环境的保护。

二、污染果园土壤的修复措施

1. 对污染源和周围的环境条件做调查　一是对大气、水、土壤

环境进行监测。二是把土壤污染状况调查与土壤肥力状况调查相结合。不仅要了解和掌握土壤基础肥力状况包括中微量元素水平，而且要分析测定土壤重金属的背景值、有机农药的残留值。三是建立无公害果树适栽评估系统。目的在于：一方面研究现有土壤环境下，确定有哪些品种适栽；另一方面为了引进具有市场开发前景的品种，必须确定有哪些地方适合栽种以及适宜栽种的品种范围。

2. 实施“耕地修复”工程　重点对污染土壤进行综合治理，其主要是加强对硝酸盐富集、有毒重金属和农药残留在土壤中的化学行为治理，即通过对它们在土壤中的吸附、置换、释放及生物有效性的调查、分析与研究，采取生物措施和工程措施来加以修复，为优质无公害果树的生产提供决策依据和基础保障。

(1)植物修复　即果园行间种草，利用植物来恢复、重建退化或污染的土壤环境。植物修复技术是一种以植物忍耐、分解或超量积累某些化学元素的生理功能为基础，利用植物及其共存微生物体系来吸收、降解、挥发和富集环境中污染物的治理技术。根据其作用过程和机理，植物修复技术可分为植物稳定、植物提取、植物挥发和根系过滤四种类型。植物稳定主要是利用耐重金属植物或超累积植物降低重金属的活性，从而减少重金属被淋洗到地下水或通过空气扩散进一步污染环境的可能性；植物提取是利用重金属超累积植物从土壤中吸取金属污染物，随后收割地上部并进行集中处理，连续种植该植物，达到降低或去除土壤重金属污染的目的；植物挥发是利用植物根系吸收金属，将其转化为气态物质挥发到大气中，以降低土壤污染；根系过滤主要是利用植物根系过滤沉淀水体中重金属的过程，减轻重金属对水体的污染程度。

(2)生物修复　即利用微生物将土壤环境中的污染物降解或转化为其他无害物质的过程。主要是通过向土壤中施用某些高效降解菌，来实现有机化合物的逐步降解，尤其适合于农药残留物的降解，从而改变根际微环境。

(3)施用某些中微量元素肥料　如施用硅肥，可减轻或清除土

壤中重金属污染。据研究，增施硅肥后，硅肥所含的硅酸根离子与镉、汞、铅等重金属发生化学反应，形成新的不易被植物吸收的硅酸化合物而沉淀下来，并且增施硅肥后增加了作物根系的氧化能力，氧化了镉、铅等重金属元素，减小了他们的溶解度，从而抑制了作物对它们的吸收，有效地防止了重金属对果树的污染。

生产者要高产，消费者要品质，环境要安全。但生产中存在的施肥不符合果树的生长发育规律，有机肥用量不足、腐熟程度低，化肥施肥方法不当，施肥时期欠妥等现象屡见不鲜，请看：

第五章 果树施肥中存在的共性问题

在施肥技术方面，由于受科技发展水平和果业生产现状所限，我国相比于农业发达国家还有较大差距。如在施肥品种及用量的确定方面，国外是依土壤、叶片和果实营养诊断为基础，在具体施肥技术上已做到水肥一体化和根际局部施肥；而我国近年来虽因政府引导和果园利益驱动，果农施肥观念和技术都有了很大进步，政府在测土配方施肥和水肥一体化等方面做了大量的推广工作，但由于扩张面积大，外行进入多，大范围还是以经验施肥为主，即定性或定性与定量相结合施肥，这样就使得我国果园施肥不可避免地带入很多人为主观因素，存在问题较多。

果树施肥中存在的问题，早在20世纪90年代，就有“三重三轻”（重氮磷肥轻钾肥、重化肥轻有机肥、重大量元素轻微肥）之说，截至目前，有些问题得到改善，有些问题在部分果园依然表现突出。果树施肥中存在的问题大体归纳为以下几个方面。

第一节 施肥不符合果树的生长发育规律

一、不能按果树年龄段对养分需求施肥

果树一生要经历幼龄期、结果初期、盛果期和衰老期四个阶段，每一个年龄阶段在器官形态上、树体构造上和生理机能方面都相应发生变化，对营养的需求也有所不同。一般来说，果树幼龄期以建造营养器官为主，地上长枝叶，地下扩根系，需要较多的氮素和磷素营养。而盛果期由于大量结果和提高品质的需要，更要注意养分的平衡，所以在肥料三要素施用上，以苹果树为例，幼树氮、磷、钾比例在2:(1～2):1，大树则为2:1:2或3:1:3，但很多果农习惯施用一些专用肥，而不考虑树龄大小，这势必造成一定的浪费。

二、不能按果树年生育周期对养分需求施肥

1. *不重视秋季施肥* 在果树的年度生长变化中，前半年及花芽分化之前消耗的主要是树体贮藏营养，这些贮藏营养来自于上年的秋季，所以秋施基肥对果树来说非常重要，其用量要占到总施肥量的50%～60%。但很多果农考虑秋季果树带果施肥不方便，再者秋季农忙，时间紧张，因而做不到秋季施肥。

2. *没有按生育周期对养分需求施肥* 一般来讲春季营养生长旺盛需较多的氮素，进入幼果膨大及花芽分化期需要适量的氮素、磷素和较多的钾素营养，施肥更要注意平衡。而有些果农选择肥料品种不考虑果树需要，盲目性大，造成浪费。

3. *不会用施肥来减缓大小年结果现象* 有些果农对产生大小年的果树，不知如何施肥，不会用施肥来调剂营养减缓大小年趋势。大年树消耗营养多，不利于花芽分化，秋季应早施肥、多施肥，促进花芽的发育。小年树消耗营养少，花芽分化好，秋施基肥应酌情减少肥料用量。

生产上更糟糕的施肥是见果施肥和因果价高低施肥，有少数果农可能由于经济条件所限，不见到果不施肥，施肥量也以挂果多少决定。还有一些果农今年果价高，秋季和翌年春季就舍得用肥，一旦果价低，就不舍得用肥了。这不但难以建设高产稳产的果园，甚至会加速果树的病害和早衰。

三、施肥营养不平衡

果树生长发育需要各种营养元素均衡地供应，才能高产、优质。不但需要一定量的氮、磷、钾大量元素，也同样需要钙、铁、锰、锌、硼等中微量元素。在我国目前科技发展水平和果园管理状况下，完全做到平衡施肥是不现实的。但我们可以依据当地农业技术部门的试验示范、土壤养分化验数据、果树产量水平较准确地确定施肥量，或根据作物的缺素表现来适量补施一些缺乏的营养元素。但目前我们远远没有做到，突出表现在：

1. *化学肥料的施用过量与不足并存* 就多数果园来说，化学肥

料施用过量主要表现在两个方面：一是绝对量过大，果树生产是一个高投入、高产出的行业，但有些果农投入肥料与产量水平相脱节，肥料投入量达到产量的16% ~20%，甚至更高，造成肥料浪费，果树旺长，结果形成高投入、高产出、高浪费，或者高投入、低产出，不但浪费了肥料，而且造成耕地质量下降。据对丰产果园投肥量调查，因地域和品种不同投肥一般在产量的8% ~12%。二是氮肥过多，磷肥适中趋多。氮肥施用过多的报道以及引起的危害屡见不鲜，过多施用氮肥，果树旺长、开花坐果率低、病虫危害加重、果实口味变淡、着色不良，更重要的是果实中硝酸盐和亚硝酸盐含量的增加会损害人体健康，过多的施氮肥还污染了土壤、河流和大气。但近年来很多果区关于磷肥施用过多的报道也越来越多，据山东省文登市农业局对果园养分检测，个别果园磷含量达到210 ~320 毫克/千克，多数果园达到62 毫克/千克以上。由于磷肥过多产生拮抗影响而缺锌的面积也有加大趋势，磷素肥料利用率在果区只有7%左右，所以连年大量使用会造成土壤中过多积累。很多果农喜欢施用磷酸二铵肥料，过后反映磷酸二铵越用地越馋，必须进一步加大用量才有效果，其原因就是土壤磷素已有积累，连续施用含磷素较高的磷酸二铵，其中的磷肥就难以发挥作用，起作用的只是其中的氮，这是一个很大的浪费和污染。磷肥过量问题也应引起我们的关注。化肥用量不足主要表现在一些偏僻山区或树龄老化区，经济条件差、交通不便、管理粗放致使果子卖不上好价钱，对果树的投入也就不重视。

2. 钙、铁、锌、硼等中微量元素普遍施用较少　随着果园产量水平的提高，对中微量元素的需求不断增加。一些中微量元素在很多土壤中原本缺乏或有效性较低，又因近些年一些果园施肥不科学造成土壤酸化或元素之间的拮抗，使缺素情况愈发突出，很多果园出现了缺钙引起的苹果苦痘病、桃树软腐病；缺铁引起的的黄叶病；缺锌引起的小叶病等生理病害。

第二节

有机肥用量不足、腐熟程度低

有机肥对果树生产具有重要的积极作用。有机肥料与化学肥料相比养分全,缓效,并含有丰富的有机质,能改良土壤结构,不仅有利于作物根系的生长发育,有助于提高土壤保水、保肥能力,而且还能提高果品含糖量和着色度,改善口感风味。有机肥和化肥配合施用,能取长补短、互相调剂,充分发挥这两种肥料的作用。有人研究对果树提供的养分中,以有机肥和化肥 1∶1为好,即能保证与常规施肥一样的产量,又能明显提高果品品质。

多数果农已认识到有机肥的重要性,所以在很多优质果区用量也在逐步提高,但使用中仍存在很多问题,表现突出的是施用未腐熟的农家肥。施用未腐熟的农家肥不但导致果园病虫害增多,甚至烧根造成局部枝条或整株死亡,影响果树正常生长。据调查购买施用农家有机肥的用户 74% 是用时购买,根本就没有发酵腐熟时间,自家集制或早期购买的农家肥也多是随意堆置发酵腐熟不充分。这样施入果园既难以及时发挥肥效,也将农家肥中的大量虫卵和病菌带入果园。笔者在一枣区春天下乡途中,一果农反映别人的枣树叶片已经展开,可他的枣树还没有出芽,到他枣园一看,原来旁边就是一个养鸡场,他在秋季时每棵树用了生鸡粪 50 千克左右,挖出根部一看,很多根皮已经烧死。在同区域还看到个别果园果树已经萌芽,但一侧施了未发酵的鸡粪导致同侧的枝条前端叶片枯焦死亡。施用未腐熟的农家肥,也会造成树体需要与营养释放的不同步。比如秋季或早春施入未经腐熟的有机肥,由于土壤温度低,在地下腐熟需要较长时间。在春季树体需要大量的营养物质时,而缓慢腐熟的有机肥所释放出的营养有限,后期随温湿条件改善,有机肥大量

营养得到释放，反而加速了枝条生长，不利于生长中心的转移，如花芽分化等。

果农为了防止使用未腐熟的农家肥，尤其是畜禽粪便烧伤果树，多采取地面撒施，这样对养分损失很大。在生产中应尽量施用腐熟的农家肥，若季节已到，必须施肥时，一是减少用量，二是对尚未完全腐熟的农家肥，可混入一定量的有机肥料腐熟剂，加速肥料腐熟或地表大面积撒施农家肥和少量氮肥、磷肥后翻掩。

2013 年 8 ~10 月对前来三门峡二仙坡果业山庄参观的河南、陕西、山西、山东等地果农进行用肥调查，见表 5 - 1。随机调查 115 户 822. 1 亩果园，施用有机肥面积 254 亩，占 30. 9%，且用量明显不足，优质果园要求亩用有机肥 3 ~4 米^3，但在调查的施用有机肥果园中，亩用 3 ~4 米^3 的很少。亩均用量只有 1. 9 米^3。对其中 10 户 68 亩果园做施用年限调查，23% 果园连续三年以上施用，36% 间隔施用，41% 的三年内未曾施用。

表 5 - 1　果园农家有机肥使用情况调查表

地名	户数（户）	果园（亩）	户均面积（亩）	农家有机肥		亩均用量（米^3）
				面积（亩）	占%	
河南省灵宝市	20	272	13. 6	56. 5	20. 7	1. 8
山东省莘县	5	24. 5	4. 9	7	28. 6	2. 3
甘肃省泾川县	6	42	7	20	47. 6	2. 0
山西省万荣等县	7	35	5	19. 5	55. 7	1. 5
陕西省三原等县	77	448. 6	5. 8	151	33. 7	2. 1
合计	115	822. 1	7. 15	254	30. 9	1. 9

在我国目前果园土壤有机质含量普遍较低（1% 左右）的情况下，有机肥用量不足不仅降低了果品品质，也使果园土壤肥力趋于下降，表现为理化性状变差，缓冲能力减弱，持续生产能力降低。

第三节 施肥方法不当

1. 施肥方法单调　根系是一种立体结构，很多果农连年使用一种方法，将使某些部位的根系得不到充足的营养。几种方法交替轮换或配合进行，则可最大限度地满足根系的营养需求，从而大幅度提高产量和果品质量。

2. 施肥部位存在“偏”“近”“少”“深”“浅”

（1）偏　即偏于果树一侧施肥，使多数根系难以吸收营养。

（2）近　即施肥部位过于靠近主干而远离树冠投影边缘的吸收根。施肥操作中既会造成根系受伤，也与果树吸收根多数分布在树冠投影的边缘不相适应。

（3）少　施肥部位少、太过集中在生产中很普遍，不少幼树因此发生肥害，造成根死、枝梢甚至树干干枯现象。成年树发生肥害后，常导致根系局部烧坏变褐，严重时主干裂缝，地下易引发根部病害，地上部易引起腐烂病等。笔者在一些新发展的果区发现很多果农一棵树施肥只挖一个或两个穴把全部肥料用上，这样多数根系吸收不到营养，影响肥效发挥，甚至会发生反渗透以及有机肥的发酵发热使根系受到伤害的现象。

（4）深　施用基肥时，部分果农习惯于稀植乔化大冠树施肥深度，将肥料施于耕层50厘米以下，而现在密植果园、矮化栽培果园大部分根系分布在地表50厘米以内，有机肥施用过深，多数吸收根难以及时吸收到有机营养，影响肥效的发挥。同时也有部分果农追肥也和基肥一样深度，不利于实现追肥快速补充养分的目的。

（5）浅　生产中施用肥料过浅现象较多，很多果农习惯将有机肥撒于树盘中，用铁锨或小型旋耕机进行浅翻；将化学肥料尤其氮

素肥料撒施于表面。这种施肥方法,使表层土壤的吸收根获得大量营养,对提高产量有较好效果。但连年施用诱导根系上浮,易遭受冻害、旱害;幼果期地表撒施碳铵类肥料,挥发出的氨气损害果实,易形成果锈。这种施肥方法也造成肥料的极大浪费,氮素大量挥发,磷肥难以移动到根区,影响肥效的发挥。

3. 施肥和浇水配合不当　在生产中不少果农比较重视施肥,但往往忽视浇水,虽然施肥不少,但因浇水过多或土壤干旱而不能最大限度地发挥肥效,因而对果品产量和质量造成很大程度的影响。施肥和浇水配合不当主要表现在两个方面:一是施用肥料后大水漫灌,造成一些速效养分往土壤深层渗漏,如尿素、硝酸铵等;二是土壤干旱时施肥不浇水。生产中一定要注意肥水配合,缺水地区可以进行树盘秸秆覆盖,既可保持土壤水分利于发挥肥效,又可增加土壤有机质。在一些盐碱含量较高的果园,果农为了以水压碱,施肥后都是大水漫灌,建议改为水后施肥,将更有利于节约用肥和发挥肥效。

第四节

施肥时期欠科学

1. 施肥时间偏晚　四季用肥料,秋季施肥最重要,秋季一般用肥量应达到全年用肥的50%~60%,可生产中不少果农不重视秋施基肥,而把大量的肥料用于春季和夏季,使肥效发挥滞后,造成果树大量冒条,营养生长和生殖生长不平衡,对果实的膨大和花芽分化都产生一定的不利影响。

2. 不重视分期施肥　在农村劳动力日益紧张的情况下,有些果农减少施肥次数甚至借鉴旱作区大田作物“一炮轰”的施肥方法,全年只施一次肥,这样使果树的需肥与供肥曲线不一致,肥效难以得到最大的发挥，还产生一定的副作用，如中后期脱肥影响果实膨大、花芽分化，导致营养不良、加剧落叶；后期施肥过多，而促使营养生长过旺，产生大量冒条的现象。

3. 盲目选用肥料　因条件所限，果农很难识别假劣肥料，因而生产中屡屡发生劣质肥料对果树产生危害的现象，应引起广大果农的高度重视。劣质化肥含量明显不足，或含的物质与标注的不符、溶解性差等，施入后常表现树势衰弱，起不到施肥应有的效果。购买化肥一定要到正规的部门，要查明肥料是否证件齐全，并切记索要正规发票。尤其不要买那些价格低廉、包装粗糙的肥料，这种肥料往往是假劣肥料。

果园不合理的施肥造成的营养失调，土壤酸化，土壤盐渍化等现象亟待解决，那么，针对性的技术措施和解决方案尽在：

第六章
果树营养失调的危害与防治

第一节 果树营养失调的危害与防治

在植物的营养生长阶段，土壤中的养分供应常因施肥不当，酸碱度、温湿度的变化和元素之间的拮抗等影响，出现持久性或暂时性的不足与过剩，植物本身也会因根系病害形成吸收障碍等，从而造成植物营养不良，并引发一些生理机能性的障碍或病害，即表现出一定的症状。不同的矿质营养元素在体内的移动性即再利用程度不同，症状的表现部位也不同，见表6－1。再利用程度大的元素营养缺乏时，可从植株基部或老叶中迅速及时地转移到新器官，养分的缺乏症状首先出现在老的部位；而不能再利用的养分在缺乏时，由于不能从老部位运向新部位，而使缺素症状首先表现在幼嫩器官。

表6－1　缺素症状出现部位与养分再利用程度之间的特征性差异

矿质营养元素种类	缺素症状出现部位	再利用程度
氮、磷、钾、镁	老叶	高
硫	新叶	较低
铁、锌、铜、钼	新叶	低
硼、钙	新叶顶端分生组织	很低

矿质营养不足与过剩都会出现相应的症状，下面逐一分述其失调症状与矫正措施：

一、果树氮素失调症状与对策

氮是果树生长发育所必需的重要营养元素，与果树的产量和品质关系最为密切。因此，施氮是果树生产上一项重要技术环节和主要成本投入。氮肥不足或施氮过多，都会给果树生长发育带来不良

影响，造成产量下降，品质变差，直接影响果农的经济效益。

1. 果树氮素缺乏

(1)危害症状　氮素缺乏时，新梢生长细、弱、短；叶片小而薄，叶色变淡，从老叶开始变黄，光合效能低；花芽发育不良，易落花落果；果实小而少，产量低；树体易早衰，抗逆能力降低。

(2)防治措施　①培肥土壤。长远来说，要增施厩肥、垃圾肥等有机质肥料，提高土壤的有机质含量，促进土壤团粒结构的形成，增加土壤的供氮能力。②追施速效氮肥。对缺氮果树采取根部追施或叶面喷施的方式，为果树快速补充氮素营养。根部追施注意肥水结合，以便尽快发挥肥效。叶面喷施可用0.3%～0.5%的尿素水溶液，间隔5～7天，连喷2～3次。

2. 果树氮素过剩

(1)危害症状　氮素过多时，营养生长过旺，枝叶茂盛，树冠郁蔽，内膛光照条件变劣，有机营养积累不足；花芽分化不良，早期落果严重，产量低，果实着色不良，品质下降，耐贮性差；病虫害加重，抗逆能力降低。氮素过多还会影响树体内其他元素的平衡状态，引起多种生理病害的发生。

(2)防治措施　对于氮素过剩，主要是控制氮肥用量，合理地进行氮、磷、钾肥配合施用。此外，在施用氮肥时要注意补充钙、钾肥料，防止由于离子间的拮抗而产生钙、钾缺乏症。

二、果树磷素失调症状与对策

1. 果树磷素缺乏

(1)危害症状　由于磷素在土壤中的有效性受土壤性质和温度等环境因子的影响很大，因此，果树容易发生缺磷症。果树缺磷时，体内硝态氮积累、蛋白质合成受阻。外部表现新梢生长细弱，侧枝少，根系发育差。花芽分化不良，果个小、产量低；果实含糖量下降，品质差。严重缺磷时，叶片出现紫色或红色斑块，易引起早期落叶。

(2)防治措施　①提高土壤供磷能力。因地制宜地选择适当农业措施，提高土壤有效磷。对一些有机质贫乏的土壤，应重视有机质肥料的投入。增强土壤微生物的活性，加速土壤熟化，提高土壤有效磷。对于酸性或碱性过强的土壤，则从改良土壤酸碱度着手。酸性土可用石灰，碱性土则用硫黄，使土壤趋于中性，以减少土壤对磷的固定，提高磷肥施用效果。②合理施用磷肥。对于酸性土壤宜施钙镁磷肥，对中性或偏碱性土壤则要选过磷酸钙、磷酸铵等水溶性磷肥。施肥时结合有机肥混施，直接施到果树根部，可避免土壤对磷素的固定。叶面喷施效果更快，一般用1.0%磷酸铵溶液或0.5%磷酸二氢钾溶液，每隔7～10天喷一次，连喷2～3次。

2. 果树磷素过剩

(1)危害症状　磷过多时，容易引起土壤中铁、锌、铜、硼等元素的缺乏，从而使树体表现缺铁、缺锌、缺铜、缺硼等症状，影响果树正常生长发育。

(2)防治措施　通过控制磷肥的用量防止土壤中磷素的过量富集。也可通过增施钾肥等肥料，缓解过多磷素的影响。

三、果树钾素缺乏症状与对策

(1)危害症状　果树是需钾量大的作物，许多果树吸收钾的量要大于氮，但在果树生产中，人们常常忽视果树对钾的营养要求，施肥仍以氮为重，对钾补充很少，导致果树缺钾，缺钾时体内叶绿素被破坏，叶缘焦枯，叶子皱缩。其症状首先表现在成熟叶片上。中度缺钾的树，会形成许多小花芽，结出小而着色差的果实；抗寒性和抗病性减弱，腐烂病加重发生。严重影响果树的产量和品质。

(2)防治措施　缺钾症的防治，应土壤追施和叶面喷施相结合。成年果树株施硫酸钾0.5～1.0千克或草木灰2～5千克。叶面可喷施0.5%磷酸二氢钾溶液或0.3%～0.5%硝酸钾或硫酸钾溶液。

四、果树钙素失调症状与对策

1. 果树钙素缺乏

(1)危害症状　缺钙时，首先是根系生长受到显著抑制，根短而多，灰黄色，细胞壁黏化，根延长部细胞遭受破坏，以致局部腐烂；幼

叶尖端变钩形，深浓绿色，新生叶出现斑点或很快枯死；花朵萎缩；核果类果树易得流胶病和根癌病。钙在树体中不易流动，老叶中含钙比幼叶多。有时，叶片虽不缺钙，但果实已表现缺钙。苹果苦痘病、水心病、痘斑病，梨黑心病，桃顶腐病等，以及樱桃裂果等，都与果实中钙不足有关。

（2）防治措施　对因土壤溶液浓度过高引起根系吸收障碍的，土壤施用钙肥常常无效，一般适用叶面喷施。在新生叶生长期叶面喷施浓度为0.3%～0.5%硝酸钙溶液或0.3%磷酸二氢钙溶液，一般每隔7天左右喷1次，连喷2～3次可见效。对于供钙不足的酸性土壤可施用石灰，碱性土壤施用石膏，每株500克左右，与有机肥混施。

2. 果树钙素过剩

（1）危害症状　土壤中钙过多时，如在石灰性土壤上，常会拮抗对钾离子的吸收。钙过多，也会导致pH升高，影响锰、铁、硼、锌、铜等元素的有效性，表现出相应的缺素症，降低果品产量及品质。在使用石灰改良酸性土壤果园时，要特别注意。

（2）防治措施　土壤钙过剩时，应选用酸性或生理酸性肥料。石灰性土壤钙过剩，可亩施硫黄粉10～15千克。

五、果树镁素失调症状与对策

1. 果树镁素缺乏

（1）危害症状　一般在酸性沙土、高度淋溶和阳离子代换量低的土壤、母质含镁量低的石灰性土壤，或酸性土过多施用石灰或钾肥时，土壤容易缺镁。幼树缺镁，易造成早期落叶，多在仲夏发生，有时一夜之间叶片基本落净。成年树缺镁，多从新梢基部片开始，轻则脉间失绿，呈条纹或斑点状，有的中脉间发生坏死。重则果实不能正常成熟，果个小，着色差，无香味。

（2）防治措施　矫正缺镁症，既可土壤施肥也可叶面喷施补充。对于土壤供镁不足造成的缺镁，当土壤pH在6.0以上时，可亩施硫酸镁30～50千克。当土壤呈强酸性时，可亩施含镁石灰（白云石烧制的石灰)50～60千克,既供给镁,也可减弱酸性。许多化肥如钙镁磷肥都含有较高的镁,可根据当地的条件和施肥状况因地制宜加以选择。

对于根系吸收障碍而引起的缺镁,应采用叶面补镁来矫治。一般喷施1%～2%硫酸镁($MgSO_4$)溶液,在症状激化之前喷洒,每隔7天左右喷一次,连喷3～5次。也可喷施硝酸镁等。

2. 果树镁素过剩

(1)危害症状　镁过多时,会造成树体内元素间的不平衡,如造成钙吸收不足,钾的缺乏,以及缺锌等。

(2)防治措施　控制氮、钾肥的用量。对供镁很低的土壤,要防止过量氮肥和钾肥影响果树对镁的吸收。

六、果树硼素失调症状与对策

1. 果树硼素缺乏

(1)危害症状　缺硼症状表现多样化,在生长点、花器官、果实上均会出现。缺硼时,不利于碳水化合物的输送和分生组织的分化。使顶端生长削弱,地下根尖细胞木质化,地上茎尖易枯死;花器和花萎缩,花而不实;叶片出现各种畸形;果实出现褐斑、坏死(缩果)等,如苹果树、桃树、梨树等缺硼易发生果实坚硬畸形,称缩果或石头果;葡萄缺硼,果穗扭曲,果串中形成多量的无核小果(小粒病),严重影响产量和品质。严重缺硼,可造成整个植株死亡。

(2)防治措施　当果树发生缺硼症状时,可用0.1%～0.2%硼砂溶液叶面喷布或灌根,最佳时期是果树开花前3周,硼砂是热水溶性的,配制时先用热水溶解为宜。当土壤严重缺硼时,可土施硼砂或含硼肥料,成年树施硼砂0.1～0.2千克/株,与腐熟有机肥混合施用效果更好。施肥后,注意观察后效,以防产生肥害。

2. 果树硼素过剩

(1)危害症状　核果类的杏、桃、樱桃、李及仁果类的苹果、梨中可见硼中毒典型症状:小枝枯死,一年生和二年生小枝节间伸长;大枝流胶、爆裂;果实木栓和落果。苹果早熟和贮藏期短。核果类和

仁果类,叶子沿中脉和大侧脉变黄。坚果类叶尖枯焦,接着脉间和边缘坏死,老叶先出现症状。

(2) 防治措施　硼过多,可施用石灰以消除其毒害。

七、果树铁素缺乏症状与对策

(1)危害症状　果树铁素缺乏首先表现在迅速生长的幼叶上,叶片呈黄化或黄白化,然后向下扩展。叶肉失绿,叶脉仍保持绿色,少见斑点穿孔现象;严重缺铁时叶片细脉也会失绿,全叶出现白化,有的出现叶缘焦枯、坏死斑块。而枝条基部叶片保持绿色不变。缺铁会使新梢生长受阻,严重的会发生枯梢,病叶早脱落,果实数量少,果皮发黄,果汁少,品质下降。

(2) 防治措施　缺铁症状一旦出现,矫治极为不易,应以预防为主。

改良土壤,提高土壤的供铁能力。在碱性土壤上,亩施硫黄粉15~20千克,或其他酸性肥料,降低土壤的pH,增加土壤铁的有效性。或将硫酸亚铁与有机肥混施,通过有机质对铁的螯合作用提高铁的有效性,二者之比1:(10~15),在春季萌发前环状根施,成龄果树每株用量25千克左右。对于一些石灰性强、有机质贫乏、结构不良、排水不畅或地下水位高而极易发生失绿的土壤,要注意不断改善生产条件。在生产上有选择抗缺铁砧木品种来根治缺铁黄化的例子,如以小金海棠为砧木的苹果等。

应急措施,进行叶面喷施铁肥,也可进行树干注射法、灌根法。目前主要有硫酸亚铁、尿素铁、柠檬酸铁或Fe-EDTA、Fe-DTPA螯合物等。叶面喷施,尿素铁浓度为0.5%~1.0%,硫酸亚铁浓度为0.3%~0.5%(硫酸亚铁溶液随配随用,避免氧化沉淀失效)。树干注射可用0.2%~0.5%柠檬酸铁或硫酸亚铁溶液。

八、果树锰素失调症状与对策

1. 果树锰素缺乏

(1)危害症状　锰缺乏时出现类似缺铁、缺镁失绿症状,虽然其移动性较差,但多数果树从老叶出现症状,少数果树从新叶出现症状，叶片叶脉间褪绿始于靠近叶缘的地方，慢慢发展到中脉，褪绿呈现“V”字形，褪绿逐渐遍及全树。与缺铁区别在于新叶发病于叶片完全展开之后，也不保持细脉间绿色。与缺镁区别在于脉间很少达到坏死程度。苹果缺锰时，叶脉间失绿，浅绿色，有斑点，从叶缘向中脉发展；严重缺锰时，脉间变褐色并坏死。果个小，质量差，横径大，呈扁圆形，且上色差。葡萄缺锰多发生在开花后，除脉间失绿黄化外，果实着色不一致，葡萄串中常夹杂青粒，光泽较差。

石灰性土壤、通气良好的轻质土壤，以及山坡顶部的土壤，锰的有效性较低，易表现缺锰症状。

（2）防治措施　叶面喷施硫酸锰溶液，浓度为0.3%，间隔7～10天，连续喷3～4次，每亩30～50升。酸性土壤的在溶液中加少量石灰更好。在酸性土壤上将硫酸锰和有机肥混施于果树根际也有很好效果。

2. 果树锰素过剩

（1）危害症状　有很多苹果锰中毒的报道，苹果锰中毒易引发粗皮病，严重削弱树势，春季发芽迟，新梢生长缓慢，新根生长量减少，严重的出现枝条死亡。

酸性土壤、黏重土壤、山根土壤以及易积水的土壤，锰的有效性高，易表现多锰症状。

（2）防治措施　调节土壤pH和增施有机肥。酸性土壤可施用生石灰，或偏碱性的硅钙镁肥、钙镁磷肥以中和土壤酸性。生产上还要完善果园排灌系统等。

九、果树锌素缺乏症状与对策

（1）危害症状　缺锌时，生长素减少，树体生长受抑制，枝条顶端生长受阻，节间缩短；叶片短而狭窄，有时出现缺绿斑点，聚生一起形成簇叶，称为“小叶病”。缺锌时，叶绿素合成受抑制，叶片易黄化。缺锌严重时，果实瘦小而坚硬。

（2）防治措施　可在早春（萌芽前）喷施硫酸锌溶液，其浓度为1%～2%，生长期间叶面喷施浓度为0.3%～0.5%，一般需喷2～3

次，每次间隔 5～10 天；也可用 5% 硫酸锌溶液注射树干；或用 3% 硫酸锌溶液涂刷一年生枝条 1～2 次。

十、果树钼素缺乏症状与对策

（1）危害症状　叶片脉间黄化，植株矮小，严重时叶缘焦枯向上卷曲，形成杯状。柑橘缺钼时叶片脉间呈斑点状失绿变黄，叶子背面的黄斑处有褐色胶状小突起（黄斑病）。冬季大量落叶。

（2）防治措施　增施石灰、有机肥、磷肥、碱性肥料或生理碱性肥料有利于提高土壤中钼的有效性。石灰常用量每亩为 50～100 千克，黏质土壤适当增加。施用钼肥。通常用的钼肥是钼酸钠和钼酸铵，可以与有机肥混合后直接施入土壤。土壤钼肥用量每亩为25～60 克，有数年的残效。叶面喷施也有良好的矫治效果，通常用 0.05%～0.1% 钼酸铵溶液均匀地喷 1～2 次就可见效。

十一、果树铜素缺乏症状与对策

（1）危害症状　缺铜症状首先出现在较幼嫩的组织上，表现为失绿，叶细而扭曲，叶尖发白卷曲等。果树中如苹果、杏、桃、李等缺铜易发生枝枯病或顶端黄化病。其中苹果和桃等果树缺铜时，树皮粗糙出现裂纹，常分泌出胶状物、果实小而硬，易脱落；梨树缺铜症状为新梢萎缩、枯干（顶枯症）；柑橘类果树缺铜时新梢丛生，新梢上长出的叶片小而畸形，果皮上出现褐色赘生物。

（2）防治措施　多采用叶面喷施。所用硫酸铜溶液浓度为 0.02%～0.05%。用硫酸铜溶液直接喷施易发生肥害，可加0.15%～0.25% 熟石灰溶液，或配成波尔多液农药施用，既可避免叶面灼烧，又可起杀菌作用。喷施宜早不宜晚。

第二节

土壤酸化对果树的危害与防治

1. 土壤酸化的危害症状

(1)土壤酸化易造成钾、钙、镁大量淋溶　pH 低于 6 时，大量的钾、钙、镁离子被置换到土壤溶液中易被淋溶。所以，在 pH 低于 6 的酸性土壤上易产生钾、钙、镁的缺乏症。土壤酸化和钾、钙、镁离子的淋溶是相互促进的。就是说，土壤酸化导致土壤中钾、钙、镁离子的淋溶损失，而钾、钙、镁离子的大量淋失又加剧土壤的酸化进程。

(2)影响元素的有效性　多种元素的有效性受土壤有机质含量、黏粒含量、pH、氧化还原电位等许多因素影响。pH 为 4.5 ~6.5 时，大量的锰以有效态的二价锰形式存在，而 pH 低于 4.5 或高于 8.0 时，有效态锰就明显下降。在淋溶强烈的酸性土中，特别是沙质土，由于有效铜的大量淋溶，土壤中铜的可给性也降低。在酸性土壤条件下，氧化还原电位较低，铁被还原成溶解度高的亚铁。特别在地下水位低、排水不良的涝洼地，铁被强烈还原，可能发生亚铁中毒。硼在 pH 为 4.7 ~6.7 的酸性土壤中溶解度增加，并以硼酸根存在于土壤溶液中，容易淋溶损失。另外，酸性土壤富含铁、铝，铁、铝对硼的吸附固定，影响硼的有效性。在 pH 为 3 ~6 的条件下，钼以对果树无效的酸性氧化物形式存在，降低了钼的有效性。磷在酸性土壤中的有效性较低，易被固定而不能被果树吸收利用。土壤中的磷在 pH 6.5 左右时，有效性最高。土壤 pH 低于 6 时，由于土壤中铁、铝的含量升高，磷易被铁、铝固定，生成难溶性的磷酸铁和磷酸铝。最初形成的呈胶状的无定形磷酸铁、磷酸铝对果树有一定肥效，后经水解又生成结晶较好的盐基性磷酸铁铝，有效性变低，经过

很长时间，这些磷酸盐不断老化，形成闭蓄态磷酸盐，作物更难利用。而且酸性土壤中表面带有羟基的黏土矿物，还能使磷酸固定在黏粒表面，降低磷的有效性。

（3）果树发生铁、铝、锰中毒现象　土壤 pH 为 2.5～5.0 时，铁、铝、锰的溶解度急剧增加，会对果树产生毒害作用，尤其铝在酸化土壤上溶解度升高，果树会产生铝中毒。

（4）土壤团粒结构受破坏　土壤酸化导致土壤中钙离子大量淋溶，使土壤的团粒结构遭到破坏，从而导致果园土壤通气透水性不良，降水或灌水后土壤易板结。

（5）微生物的活动受抑制　土壤酸化的条件下，即使土壤其他条件适宜，微生物的活动也受影响。土壤中氨化作用适宜的 pH 为 6.6～7.5，硝化作用适宜的 pH 为 6.5～7.9，微酸、中性或微碱性的土壤才适合于大多数土壤微生物的活动，以保持有机态和无机态养分间的动态平衡。

（6）不利于果树的生长发育　①影响土壤养分的供给状况进而影响果树的生长发育。②影响果树根系对养分的吸收，土壤酸化，土壤溶液中大量氢离子存在，根系吸附阴离子的能力增强，不利于钾等阳离子的吸收，从而影响果树的生长发育。③影响果树根系的代谢过程，果树根系的呼吸等代谢过程一般要在中性或微酸的条件下进行，土壤 pH 过低则不利于这些代谢的进行，不利于根的生长，进一步影响果树的生长发育。

总之，土壤酸化不利于果树的生长发育和产量提高。而且在土壤酸化的情况下，果树根系易得根肿病，苹果易得粗皮病（锰中毒）等。但这些不利影响并非是酸化土壤中过多氢离子的危害，而是由于土壤酸化影响了土壤中养分的溶解与沉淀，影响了土壤中养分的可给性和微生物的活动，影响了土壤结构，进一步影响根系对养分的吸收所致。

2. 土壤酸化的防治措施　防止果园土壤酸化，尤其是酸雨对果园土壤产生的不利影响，需要全社会特别是环保部门的通力合作，绝非是果树生产部门的力量所能及的，而高温多雨的强淋溶条件也是热带地区的果树生产所必须面对的事实。所以，从以下几个方面防止果园土壤酸化是目前果业生产行之有效的措施：

（1）合理施用氮肥　这包括确定合理的氮肥用量和选择适宜的氮肥种类两个方面。关于氮肥用量的确定，应根据果树对氮素的需要量和土壤供肥能力来确定。而肥料形态的选择要特别注意，生理中性的尿素是目前氮肥的主要种类，施用量控制好一般不易导致果园土壤酸化。若施用氯铵和硫铵等生理酸性肥料时可以配施少量的石灰或有机肥。

（2）增施有机肥　增加有机肥的施用量可以提高土壤有机质的含量，有机质含量高可以增强土壤对外界酸碱物质的缓冲能力，从而防止土壤酸化。

（3）增施石灰　除了在酸性土壤上避免施用生理酸性肥料外，可以增施石灰，对已酸化的果园土壤进行改良。石灰需要量依土壤 pH 的不同而变化。

第三节

土壤盐化对果树的危害与防治

当土壤含盐量达到土壤干重的 0.3% ~1% 时，就会明显地抑制作物生长，造成减产。盐化对果树的危害在沿海地区以及山东、新疆、河北等地都有发生。但危害突出的是在棚室果树栽培中，随着果树棚室栽培年限延长，棚室内土壤盐渍化的程度也不断加重。棚室土壤盐渍化是典型的次生盐渍化，在大棚耕层土壤中积盐多于脱盐而形成。首先是化肥施用量大，尤其是施用易溶于水，而不易被土壤吸附的硫酸铵、氯化钾、硝酸铵等化肥；其次是灌水量大，带进了很多盐分；最后土壤由于耕作深翻少、灌水次数多，土壤团粒结构

变差，吸附与渗透盐分的能力减退；更主要的是棚室环境密闭，自然降雨淋溶淋洗作用轻，致使盐分残留在耕层土壤之内。

一、果树盐害症状

果树种类不同，其抗盐性也不同，桃、杏的抗性较差，葡萄、枣则较强。砧木种类不同，其抗盐性也不同。在苹果砧木中，海棠比山荆子抗盐碱性强；在桃树砧木中，毛桃比毛樱桃抗盐碱性强。即使同一种果树在不同类型的土壤中栽培，其抗盐性表现也不同。沙质土、黏质土中栽培的果树其抗盐性较差，而在有机质含量高的土壤上栽培的果树其抗盐能力较强。一般情况下，土壤盐类浓度（盐渍化程度）对果树生长发育的影响可分为四个梯度：①总盐浓度在3 000毫克/升以下，果树一般不受危害；②总盐浓度在3 000～5 000毫克/升，土壤中可有铵检出，此时，果树对水分养分的吸收失去平衡，导致果树生长发育不良；③总盐浓度达到5 000～10 000毫克/升，土壤中铵离子积累，果树对钙的吸收受阻，叶片变褐，出现焦边，引起坐果不良，幼果脱落；④总盐浓度达到10 000毫克/升以上时，果树根系细胞普遍发生质壁分离，新根发生受阻，导致植株枯萎死亡。

二、果树盐害防治

1. *计划施肥，严格控制施肥量，并改进施肥方法*　采用少量多次施肥法，防止一次施肥过量。同时要注意选择化肥的种类，硫酸盐、氯化物、硝酸盐类化肥要尽量少施或不施，可选用磷酸类化肥，如磷酸铵、磷酸二氢钾及尿素、碳酸氢铵等。在施肥中，要切忌偏施氮肥，做到施用多元复合肥，配方施肥。

2. *增施有机肥料，提高土壤有机质含量*　增施有机肥料能提高土壤有机质的含量，改善土壤的理化性状，增强土壤吸附与渗透能力，使土壤缓冲能力提高。但需注意施用的有机肥料，必须是经过充分腐熟的、优质的有机肥。

3. *地面覆盖*　可有效地减少地表蒸发，在地下水位浅的地区更为重要，覆盖可抑制地下水上升，减缓盐分积累。使用地膜覆盖或地面撒施木屑、铺盖农作物秸秆，均十分有效。

苹果、梨、桃、葡萄等大宗果树的施肥技术内容有：注重施肥结构优化，大力开展增施有机肥，果园生草，调整基肥与追肥施用比例，统筹推进根际施肥与根外追肥，平衡施肥……如何把握，请看：

第七章
果树科学施肥指南

第一节

苹果施肥技术

一、营养及需肥特性

苹果是多年生木本植物，有木本植物自身特有的营养特点和需肥规律。主要有以下 3 个方面：

1. *具有贮藏营养的特点*　苹果树体内前一年贮藏营养的多少直接影响果树当年的营养状况。据研究，苹果树自春季萌芽前树液流动开始到6 月上中旬，所需营养主要来自于树体贮藏营养，贮藏营养对春季的萌芽展叶、枝条生长、开花坐果具有重要影响。而当年贮藏营养物质的多少又直接影响果树下一年的生长和开花结果。掌握这个营养特点，对于科学施肥有重要的参考价值。首先要搞好秋季管理和施肥，提高树体的营养贮藏量。对树体贮藏营养水平不同的苹果树，施肥技术有所区别。秋施基肥数量少、树体贮藏养分不足的，要抓紧在开花前尽早施用速效氮肥，提高坐果率，促进梢叶生长和幼果发育。秋施基肥充足，树体贮藏营养水平高，花量大、花质好的，花前一般不必追肥，以免坐果过多，疏果不及，加重“大小年”结果幅度。

2. *不同树龄对养分的需求特点*　不同树龄的苹果树其需肥规律不同。苹果幼树以长树，即扩大树冠、搭好骨架为主，并积累各种营养，为以后开花结果打好基础。此期需要的主要营养是氮和磷，特别是磷素对果树根系的生长发育具有重要作用，施肥上要做到勤施薄施。成年果树对营养的需求主要是氮和钾，特别是由于果实的采收带走了大量的氮、钾和磷等营养元素，若不能及时补充则将严重影响苹果来年的生长和产量。此期施肥要特别注意各种营养的平衡，要随着树龄的增大而增加施肥量。

3. 年周期对养分的需求特点　苹果头一年进行花芽分化，翌年开花结果。在年周期中，首先是新梢生长，然后开花结果，在果实继续发育期，又开始进行花芽分化与发育，为翌年开花结果打基础。不同时期施肥常会既影响生长，又影响开花结果和花芽分化。不同阶段对养分的需求也不同。

(1)萌芽开花期　在新梢、幼叶和开放的花朵内，氮、磷、钾三要素的含量都较高，尤其是氮的含量很高，说明萌芽开花时对养分的需要十分迫切。但此时主要是利用树体内贮藏的养分，而对土壤中吸收的数量并不多。

(2)新梢旺盛生长期　此期是果树发育前期，树体生长量大，是氮、磷、钾三要素吸收量最多的时期。其中以氮的吸收量最多，其次为钾，最少的是磷。

(3)花芽分化和果实迅速膨大期　因果实迅速膨大，对主要营养元素的需要量也较多。但果实的发育特别需要钾。因此，此期钾的吸收量往往高于氮，对磷的吸收量仍比钾和氮少。

(4)果实采收至落叶期　主要是养分回流、贮存有机物质，树体仍能吸收一部分营养物质，但吸收的数量显著减少。

苹果在芽萌动前，根系已经开始活动并开始吸收营养，对氮的吸收量以6~8月为最高，果实采收后明显下降，这主要与新梢的旺盛生长和果实的迅速发育密切相关；对钾的吸收量，以7~8月为最高，主要与果实的迅速膨大有关；磷的吸收量较氮和钾少，且各生长时期比较均匀。施肥上要针对各个生育时期的需要，进行合理的用肥搭配，才能充分发挥肥效。

二、施肥量的确定

苹果施肥多少，计算方法很多，常用的方法是按产量或树龄确定施肥量。

1. 根据产量推算施肥量　Levin(1980)建议，在苹果上的最佳施肥量是果实带走量的2倍。因此，确定苹果施肥量最简单可行的方法是以结果量为基础，并根据品种特性、树势强弱、树龄、立地条

件及诊断的结果等加以调整。

为了测定果实产量与养分消耗的关系，有关科研单位做了大量工作。试验结果表明，每生产 100 千克苹果，需要补充纯氮（N）0.5～0.7 千克、纯磷（P_2O_5）0.2～0.3 千克、纯钾（KO_2）0.5～0.7 千克。例如：产量为 3 000 千克的果园需要补充尿素 37.5～52.5 千克，过磷酸钙 50～75 千克和硫酸钾 30～42 千克。

2. 根据树龄推算施肥量　根据试验结果及综合有关资料确定不同树龄的苹果树施肥量，见表 7－1。

表 7－1　不同树龄的苹果树施肥量

单位：千克/亩

树龄（年）	有机肥	尿素	过磷酸钙	硫酸钾或氯化钾
1～5	1 000～1 500	5～10	20～30	5～10
6～10	2 000～3 000	10～15	30～50	7.5～15
11～15	3 000～4 000	10～30	50～75	10～20
16～20	3 000～4 000	20～40	50～100	20～40
21～30	4 000～5 000	20～40	50～75	30～40
>30	4 000～5 000	40	50～75	20～40

施用“龙飞大三元”有机无机生物肥，可以根据纯养分进行换算，适当减少 10% 左右。成龄果树秋季亩施大三元肥料（无机养分粒28∶10∶7或 22∶10∶13）60～100 千克；3 月上中旬施（无机养分粒 28∶10∶7或 22∶10∶13）90～120 千克；6 月上中旬施（无机养分粒 18∶12∶15）每亩 60～100 千克。对晚熟品种在 8 月上旬增施（无机养分粒 18∶12∶15）每亩 30～50 千克。具体用量可随树势和土壤肥力情况适当调整。

三、施肥技术

1. 基肥　要有机肥料和速效肥料结合施用。有机肥料，宜以迟效性和半迟效性肥料为主，如猪圈粪、牛马粪和人尿粪，根据结果量按 1 千克苹果 1.5～2 千克优质农家肥标准一次性施足。速效性肥料以高氮的“龙飞大三元”有机无机生物肥为主，盛果期树，株施5～8千克。基肥施肥量，按有效成分计算，宜占全年总施肥量的60%～70%，其中化肥的量占全年的50%左右。

2. 追肥　以化肥为主，生长期一般每年追肥3次。第一次在萌芽前后，以氮肥为主；第二次在花芽分化及果实膨大期，以磷、钾肥为主，氮、磷、钾混合使用；第三次在果实生长后期，以钾肥为主。同时要做到因树、因地追肥。

(1)因树追肥

1)旺长树　追肥应避开营养分配中心的新梢旺盛期，提倡“两停”追肥(春梢和秋梢停长期)，尤其注重“秋停”追肥，有利于分配均衡、缓和旺长。应注重磷、钾肥，促进成花。春梢停长期追肥(5月下旬至6月上旬)，时值花芽生理分花期，追肥以氮肥为主，配合磷、钾肥，或追施高氮的“龙飞大三元”有机无机生物肥，结合小水，适当干旱，提高肥液浓度，促进花芽分化；秋梢停长期追肥(8月下旬)，时值秋梢花芽分化和芽体充实期，肥种应以高钾有机无机生物肥为主。

2)衰弱树　应在旺长前期追施速效肥，以硝态氮为主，有利于促进生长。萌芽前追氮，配合浇水，加盖地膜。春梢旺长前追肥，配合大水。夏季借雨勤追，猛催秋梢，恢复树势。秋天带叶追，增加贮备，提高芽质，促进秋根。

3)结果壮树　追肥目的是保证高产、维持树势。萌芽前追肥，以硝态氮或高氮型大三元肥料为主，有利发芽抽梢、开花坐果。果实膨大时追肥，以高钾型有机无机生物肥为主，加速果实增长，促进增糖增色。采后补肥浇水，协调物质转化，恢复树体，提高功能，增加贮备。

4)大小年树　“大年树”追肥时期宜在花后和花芽分化前1个月左右，以利于增加坐果和促进花芽分化，增加次年产量，追氮数量宜占全年总施氮量的1/3；“小年树”追肥宜在发芽前，或开花前及早进行，以提高坐果率，增加当年产量，追氮数量应占全年总施氮量的1/3左右。

(2)因地追肥

1)沙质土果园　因保肥保水差,追肥少量多次,浇小水,勤施少施,防止养分严重流失。

2)盐碱地果园　因 pH 偏高,许多营养元素如磷、铁、硼易被固定,应注重多追有机肥、磷肥和微肥,混合施用效果最好。

3)黏质土果园　保肥保水强,透气性差。追肥次数可适当减少,多配合有机肥或局部优化施肥,协调水气矛盾,提高肥料有效性。

施肥方法主要有环状沟、放射状沟、条状沟、多点穴施和灌溉施肥等。

在苹果生长季中,还可以根据树体的生长结果状况和土壤施肥情况,适当进行根外施肥。

四、实例分析

1.鸡粪腐熟与否,效果大不相同　山东莘县有一个20年树龄的富士苹果园,园主曾听说农家肥对改良土壤、健壮树势、提高果品效果很好,就下定决心,加大投资,开始连年施用鸡粪。不料树势反而越来越弱,果树发条晚,叶片薄,叶色黄,产量也较相邻果园低,于是他就有了放弃管理的想法。了解之后得知,他每年每棵树用鸡粪40多千克,但都没有经过发酵腐熟,化学肥料使用很少。造成树势弱产量低的原因,主要是施用生鸡粪后不但带进了大量的病菌虫卵,而且生鸡类在根部发酵产生的热量会烧伤大量的毛细根,使根部吸收水分和养分的能力降低,根系弱导致树势弱。鸡粪养分含量较高,腐熟后用于果树效果很好,但营养不够平衡,释放也较慢,所以在生产上还是应该和化学肥料配合施用。

生产上也有很多合理施用鸡粪带来高效益的例子。如甘肃一位李姓果农反映,他们村多数果园都不用农家肥,他知道了农家肥的好处后,办了个养鸡场,而且注意使用前堆积发酵一段时间,将发酵后的鸡粪全部用于自家的100多亩苹果园,同时配合施用少量化学肥料。翌年,他的果园所结苹果个大、色艳、口感好,经销商以每千克高于别家 0.4 元的价格将其全部收购，几年来他家的苹果一直以高于市场均价 0.4 ~0.8 元的价格被收购，获得较高的经济效益。

2. 基肥春用改秋施，年年丰产有保证　河南灵宝市寺河山一个姓李的果农反映，2011 年以前果园树势看起来很旺，满树是条子，但是结果不多，产量低，为此他很伤脑筋。当年秋初，外出期间听了笔者关于果树施肥的讲座，心里豁然开朗，发现自家果园满树条子不结果的主要原因是施肥不合理。施肥不合理有两个方面：一是秋季不施肥，春施"一炮轰"，春季只能利用部分养分，多数养分在果树中后期发挥作用，使肥效滞后，不但促使枝条旺长，也影响了花芽的分化，造成翌年果量减少；二是施肥以尿素为主，氮素过多也进一步加剧了枝条的生长，致使营养生长和生殖生长不协调，影响花芽的分化。发现问题就要改正，他于听课的当天下午赶到家，立即按照果树的需肥量，有机肥结合化肥，以氮肥为主，配合磷、钾肥，将肥料总量的 60% 施入果园，当年秋季叶片长势明显好于往年，花芽发育也好，2012 年就有了明显效果，冒条减少了，果结得多了，产量也成为建园以来最高的一年。按照这样的施肥方法，2013 年他家果园收成仍然很好。

3. 秋施基肥壮树势，灾年花量也充足　河南西部有两个苹果品牌很有名，一为寺河山，一为二仙坡。但二者实际出之同一区域，只因陕县和灵宝市的行政界线而一分为二。2013 年春季花期这两个品牌的果树均发生冻害，但二仙坡果园结果量明显高于寺河山。据笔者分析，主要原因是秋施基肥是否落实。二仙坡果园采用的是产业化生产，统一化管理，秋季施肥全园都能做到落实，因之树势很健壮，抗御冻害能力强，花量充足，晚开的花仍能满足养分需要；而寺河山果园以分散管理为主，很多措施难以落实，虽知道秋施基肥好，但秋季很少施肥，因之树势偏弱，抗冻能力差，遭受冻害后坐果率明显下降。所以，在遭受冻害时，秋施基肥的果树长势旺，抗冻害能力强，产量影响不大。

4. 后期施氮应谨慎，过量晚熟色不足（图 7 -1）　河南三门峡市

有一个富士苹果园，苹果较相邻果园上色慢，且着色不好。1 月到其果园，树上还有很多干枯的叶子尚未脱落。笔者了解后得知在上年 8 月中旬，该果农看果子不少，怕营养不足影响果个膨大，就每亩用 20 千克的磷酸二铵和 30 千克的复合肥混合后追施。这样的配比施肥是不符合果树的需肥规律的，红富士苹果树对氮肥需求较一般品种少，而对磷、钾需求量相对较多，在生长季节对三要素的吸收呈现前期需氮较多，需磷一生较为均衡，后期需钾较多，膨果期树对氮、磷、钾三要素的需求比例大致为 1∶0.4∶(1.5 ~2)。此果农 8 月施肥量偏大，尤其是氮多而钾少，因为果树叶片和果实内的叶绿素含量常与氮素供应水平呈正比例增加，氮素过多叶绿素增加，花青素形

图 7－1　春季氮素过多的苹果园

成受抑制，这就必然造成果实贪青晚熟，上色困难；氮素过多，还会促进秋梢的旺长，影响果树体内脱落酸的积累，使叶柄和枝条间的离层细胞难以形成，以致冬季低温到来之前，叶片难以正常脱落，造成营养浪费。

5. 肥好量不足，稳产难实现　山西万荣县一个果农选用了一种含氮、磷、钾占总量22.5%的有机无机生物果树专用肥，每年每亩用180千克配合农家肥3~4方于秋季施用，效果很好，树不再疯长冒条，产量达到4 000千克，且果个大、品质好。果农对此很满意，此后农家肥隔年施用，复合肥用量不变，连续三年效果都很好，到第四年即2013年夏天，果农发现枝条有点细弱，叶片也有点薄，果农很困惑，不知道问题出在哪里。经笔者询问得知该果园每年施肥2次，除秋施基肥外，夏季冲施高钾型液体肥料1~2次。据此笔者给果农算了一笔账，一般来说每生产100千克苹果，应施纯氮0.7千克、纯磷0.3千克、纯钾0.7千克，有机肥150千克，方可在生产一定量的优质果基础上，保持健壮树势和不断地提高土壤可持续生产能力。那么亩产4 000千克苹果，每年就应投入纯氮28千克、纯磷12千克、纯钾28千克，有机肥6 000千克左右，而果农投入的180千克复合肥，冲施肥均按2次计算，投入纯氮21.5千克、纯磷10.8千克、纯钾24.12千克，有机肥还是隔年施用，虽有微生物活化增加土壤中有效养分，但还是满足不了4 000千克产量的需肥量。前二三年产量能达到4 000千克，是因为果树产量不仅与当年施肥有关，也与树势及积累营养和土壤、环境条件等有关。所以不管是再好的肥料，也必须足量施用才行。

6. 基肥挖坑用铁锹，施肥深度达不到　笔者在果区发现很多果农用于施肥的工具就是一把铁锹，一锹一个坑，追肥一锹深，基肥也是一锹深。果树根系分布的深度主要在0~60厘米，铁锹的深度有20多厘米，施入的肥料主要分布在10~20厘米。在生长季节追肥，这个深度施肥有利于表层根系的吸收利用，对补充养分、促进花芽分化和果实膨大有很好的效果。但对于基肥来说，这个深度较浅，应进一步加深，把肥料施在40厘米左右为宜，这样有利于深层根系对养分的吸收，对果树健壮树势、抗御自然灾害、增加贮藏营养、满足全年营养具有重要作用。还有果农习惯施肥中用旋耕耙，在陕西礼泉笔者就发现一个果农在秋施基肥时，把肥料撒在地表，然后旋

耕于地下，旋耕机的深度不足20厘米，旋耕使肥料均匀地分布在0～20厘米。这种施肥方法，使表层根系吸收大量营养，但连年浅施，诱导根系上浮，根易遭受冻害、旱害。这种施肥方法也造成了肥料的极大浪费，影响肥效的发挥。

7. 氮素不足营养差，落花落果产量低（图7－2）　“我的果园花很多，怎么坐不住果呢?”河南焦作的一个果农这样问。笔者到果园一看，16年的果树，但树势很弱，询问其管理情况，果农反映在施肥方面秋季每株树用了氮、磷、钾各15%的复合肥1千克，春季家里有事没有顾得上施肥。笔者分析坐不住果的原因，主要是缺乏氮素。有关资料表明，苹果每开一朵花需要消耗1毫克的氮素，该果园秋季施肥不足，春季又没有及时补充氮素，导致氮素营养跟不上，所以落花落果严重。

图7－2　施肥不足的苹果园

第二节 梨树施肥技术

一、营养及需肥特性（参照苹果树营养及需肥特性）

二、施肥量的确定

1. 根据产量推算施肥量　山东农业大学姜远茂教授等在2001年根据梨树枝、干、根、叶和果养分含量，推算出了在每公顷产37 500千克梨果的条件下，每生产100千克梨果所需的纯养分量，分别为氮0.45千克、磷0.09千克、钾0.37千克、钙0.44千克、镁0.13千克，氮、磷、钾比例约为1∶0.2∶0.8（表7－2），这为以产定肥提供了依据。

表7－2　每生产100千克梨果主要营养元素吸收量

（姜远茂　2001）　单位：千克

梨品种	氮（N）	磷（P）	钾（K）	钙（Ca）	镁（Mg）
长十郎	0.43	0.07	0.34	0.44	0.13
20世纪	0.47	0.10	0.40	0.44	0.13
平均	0.45	0.09	0.37	0.44	0.13

2. 根据地力条件推算施肥量　同时姜远茂教授对不同地力条件下的施肥也提出，在中等产量水平和中等肥力水平的条件下，梨每亩年施肥量（33株/亩）为尿素26千克，磷肥（过磷酸钙，简称普钙）67千克，氯化钾（养分含量60%）20千克。土壤有效养分在中等水平以下时，增加25%～50%的量；在中等水平以上时，要减少25%～50%的量，特别高时可考虑不施该种肥料。

3. 根据树龄推算施肥量　生产上还常常根据树龄进行施肥（表7－3）。为了方便果农施肥，以盛果期丰产梨树为例，对不同时间施

肥提出两个方案,供参考。秋季施肥在农家肥施足情况下,可亩施尿素 10 ~ 15 千克、过磷酸钙 20 ~ 30 千克、硫酸钾 5 千克或用含氮比例大的大三元有机无机生物肥(无机养分粒 22: 10: 13)50 ~ 90 千克;萌芽前亩施尿素 20 ~ 30 千克、过磷酸钙 30 ~ 40 千克、硫酸钾 10 千克或用含氮比例大的大三元有机无机生物肥(无机养分粒 22: 10: 13)80 ~ 120 千克;5 月底至 6 月中旬每亩施尿素 5 千克,过磷酸钙 30 ~ 50 千克,硫酸钾 15 ~ 20 千克或选用含钾比例高的大三元有机无机生物肥(无机养分粒 18: 12: 15)60 ~ 80 千克;对晚熟品种可在 8 月上旬补施硫酸钾 5 ~ 10 千克或高钾型大三元有机无机生物肥30 ~ 40 千克。

表 7 – 3 不同树龄的梨树施肥量

单位:千克/亩

树龄(年)	有机肥	尿素	过磷酸钙	硫酸钾或氯化钾
1 ~ 5	1 000 ~ 1 500	5 ~ 10	25 ~ 30	5 ~ 10
6 ~ 10	2 000 ~ 3 000	10 ~ 15	35 ~ 50	5 ~ 15
11 ~ 15	3 000 ~ 4 000	10 ~ 30	55 ~ 75	10 ~ 20
16 ~ 20	3 000 ~ 4 000	20 ~ 40	55 ~ 100	15 ~ 40
21 ~ 30	4 000 ~ 5 000	20 ~ 40	55 ~ 75	20 ~ 40
>30	4 000 ~ 5 000	40	55 ~ 75	20 ~ 30

三、施肥技术

1. 基肥 以有机肥为主,配合适量氮、磷、钾肥。秋季采果后至落叶前,结合深耕深翻施入。

2. 追肥

(1)花前追肥 以含氮高的复合肥为主,促进早春芽的萌动、开花、发叶、抽枝。如果此时缺氮会影响开花受精,将导致落果,使叶片小而薄,颜色浅。因而,光合产物少,坐果少,果实小。如果树势强壮,花芽太多,为了控制花果量,也可不施花前肥,改施花后肥。

(2)花后追肥 在花期内或花后新梢旺盛生长期之前施用,目的在于促进枝叶生长，为花芽分化、果实增大创造条件，并可克服因养分不足而发生落果。但肥料用量不宜过多，施肥时期不宜过迟，以免引起新梢过旺，影响花芽分化和果实增大。

（3）果实膨大肥　通常在春梢生长缓慢到春梢生长停止时施用。除氮肥之外，还要施用磷、钾肥，特别是钾肥。春梢停止生长后，养分主要用于旺盛的根系生长，增加叶色，提高光合强度，从而促进花芽分化和果实膨大。生产中常常采取增加花后肥的用量，而把果实膨大肥推迟到采果前一个月施用，这对花芽的生长发育和果实的后期增大都有良好作用。

施肥方法主要有环状沟、放射状沟、条状沟、多点穴施和全园撒施等。

四、实例分析

1. 人粪尿好肥料，秋冬灌树效果好　2013 年 6 月下旬，河南三门峡一个果农咨询笔者，能不能向梨园浇灌一些农村普通厕所集中起来的人粪尿，笔者建议他不要施用，主要原因是：一是未经很好腐熟的人粪尿含有大量的病菌及虫卵，会加重根系病虫害；二是此期施用人粪尿后进入高温季节，人粪尿的快速腐熟会产生较多的热量烧伤根系，会因表层根系伤害而间接地影响花芽分化；三是人粪尿氮素养分含量高，肥效长，施用过多会引发后期枝条旺长。所以，若用人粪尿最好经过腐熟，而且在秋季或早春施用会有很好效果。

2. 氮肥偏多不平衡，枝条虚旺果难成　7 月笔者到山西运城出差期间，一个果农让去他的梨园参观，其果园远远看去浓绿一片，近处一看枝条多而不壮，且结果偏少。笔者询问果农管理情况，发现施肥方面存在问题。这位果农是春季施肥，一棵树施农家肥近 10 千克、尿素 1 千克，6 月又施尿素、磷酸二铵各 0.5 千克。从果树对营养的贮藏和利用来看，秋季施基肥可增加树体贮藏营养，为翌年尤其是前半年根、枝、叶、花、果的生长发育创造良好的营养条件，而春季施基肥肥效滞后，效果就差一些，再者梨树对氮、磷、钾养分的需求比例约为1∶0.2∶0.8，虽然前期需要氮素肥料多一些，但也需要一

定的磷、钾肥料，不能只用尿素一类氮素化肥。该果农春季施基肥，化肥只用尿素，6 月施用的尿素是氮肥，磷酸二铵是氮、磷复合肥，氮素量还比较大，仍无钾肥。这就必然会促进营养生长，由于贮藏营养不足，养分不平衡，所以表现为虚旺，枝条不壮，结果不多。

3. 弱树秋肥要早施，二次开花可免除　南阳一个梨园出现二次开花现象，从果农反映的情况看，与施肥管理有一定关系的。他的果园已处于盛果期，在此关键时期营养要跟得上，应该加大施肥量，且要搞好各种营养元素之间的平衡，而他一年只是春季施一次肥，且农家肥用量很少，一棵树只施尿素 0.5 千克，当年果个虽不大，但结果量还不小，采果后又没有施肥补充营养，致使树势更加衰弱，提早落叶，这就引起了二次开花。所以对于树势较弱的果园一定要加强肥水管理，尤其是搞好采果后施肥，使叶片得到营养补充，从而增强光合作用，延长叶片寿命。采果后施肥也能使树体贮藏更多的养分，为翌年春季的生长发育奠定更好的营养基础。

4. 秸秆覆盖枝弱叶黄，究其原因氮未补上　2010 年 5 月在新疆阿克苏和几个果农谈到果园秸秆覆盖可以提高土壤有机质，增加土壤肥力，保肥保水，防返碱，改善果园小气候，促进果园生态良性循环等好处时，一果农反映，他的果园春季用秸秆覆盖了几行树，厚度达到 20 厘米以上，但效果很差，枝条弱，叶片黄，要笔者到现场看一看是什么原因造成的。到梨园后，见叶片颜色较正常叶片明显要黄一些，笔者询问其覆盖的过程，发现技术措施方面有缺陷。他在覆盖秸秆前没有在土壤表层适当追施氮素肥料，秸秆覆盖后，微生物快速繁殖，消耗了土壤表层的大量氮素营养，使果树根系吸收营养不足，反应于树体就表现为枝条弱、叶色黄。所以在秸秆覆盖时，要根据树的大小每棵树施氮素肥料 200 ~ 500 克，以调整碳氮比，给微生物繁殖活动提供充足的氮源，避免与果树形成氮素营养竞争。

5.“井”字施肥近树干，外围根系全截断　有一次在施肥培训时，讲到施肥应把多数肥料施在树冠投影的边缘，因为那里的吸收根多，便于果树对养分的吸收。一个果农就反映，他家的梨树在树冠投影的边沿部位很少有根，所以施肥都施在树干附近。笔者一同来到他的果园，见树的冠径在2.5米左右，笔者在树冠投影边缘附近刨开土壤，发现根果然很少。经询问得知，该果农采用"井"字施肥法，施肥槽（沟）距树干80厘米左右，槽长1米多，基肥深度约40厘米，追肥20厘米左右，行间与株间交替施肥。由于施肥槽短，就形成了"井"字不出头，准确地说是"口"字施肥，不断地交替施肥，就把外伸的根系截断，致使树冠投影边缘附近耕层找不到根系。笔者建议他今后施肥时施肥沟要逐渐外移，这样才能引领根系外延，扩大根系的吸收范围，使梨树长得更健壮，为丰产丰收奠定基础。

第三节 桃树施肥技术

一、营养及需肥特性

从桃树一生对营养的需求来看，幼树生长较旺，吸收能力也较强，对氮素的需求不是太多，若施用氮肥较多，易引起营养生长过旺，花芽分化困难，进入结果期晚，容易引起生理落果。进入结果盛期后，根系的吸收能力有所降低，而树体对养分的需求量又较多，此时如供氮不足，易引起树势衰弱，抗性差，产量低，结果寿命缩短。因此，桃树在营养的需求上，幼树以磷肥为主，配合适量的氮肥和钾肥，以诱根长树为主。进入盛果期后，施肥的重点是使桃树的枝梢生长和开花结果相互协调，在施肥方面以氮肥和钾肥为主，配施一定数量的磷肥和微量元素肥料。

从桃树一年生长发育对养分需求来看，桃树早春萌动的最初几周内，主要利用树体内以氮素为主的贮藏营养，从硬核期开始，对主要元素的吸收量增加，以磷、钾的吸收量增长较快。因此，必须注重上年秋施基肥，这对花芽分化和当年产量影响很大，春季可酌补氮肥，

中后期注意追补钾肥，这对增大果个、提高产量有非常明显的效果。

二、施肥量的确定

根据桃树品种、树龄、土壤等差异，结合目标产量的不同确定施肥量。从品种上看，不同品种对各种营养的吸收利用存在差异，如大久保生长势弱，产量高，对养分需求量大。而生长势旺的品种，对氮肥敏感，容易旺长，应适当少施氮肥。从树龄、树势来看，小树需肥少，成年树需肥多。1～3 年生树施肥量为成年树的 20%～30%，5 年树为成年树的 50%，6～7 年生树施肥量同成年树。从土壤肥力看，肥力低应多施，肥力高应少施。从产量来看，桃不同成熟期的品种间氮、磷、钾养分的吸收水平有所差异，早熟品种（鲜基），每 1 000 千克桃果吸收纯氮 2.1 千克、纯磷 0.33 千克、纯钾 2.4 千克；中晚熟品种（鲜基），每 1 000 千克桃果吸收氮 2.2 千克、磷 0.37 千克、钾 2.8 千克。

对盛果期的桃树，秋施基肥，亩施有机肥 3 000～4 000 千克，尿素 5～7 千克，过磷酸钙 25～30 千克，硫酸钾 5 千克或用“龙飞大三元”有机无机生物肥（无机养分粒 22∶10∶13）60～80 千克。3 月追肥亩用尿素 5～10 千克，过磷酸钙 30～40 千克，硫酸钾 10 千克或用“龙飞大三元”肥料（无机养分粒 22∶10∶13）60～70 千克。硬核期追肥亩用尿素 5～10 千克，过磷酸钙 25～30 千克，硫酸钾 20～30 千克或用“龙飞大三元”肥料（无机养分粒 18∶12∶15）60～100 千克。

三、施肥技术

桃树施肥一般分基肥和追肥两种。

1. 基肥　基肥的组成以有机肥料为主，再配合氮、磷、钾和微量元素肥料。根据树体当年产量和树势强弱不同，确定当年施肥量，有机肥至少要达到斤果斤肥，最好做到 1 千克果 2 千克肥或更多。基肥施用量应占当年施肥总量的 70% 以上，即有机肥的全部和速效肥料的 50%～70%。春旱严重区域，若将速效化肥换成缓释平衡肥，可将全年肥料作基肥一次性施入。基肥秋施好于春施，一般在 9～10 月上中旬施用。

基肥施用方法主要有环状沟、放射状沟、条状沟、多点穴施和全园撒施等。

2. 追肥　追肥又叫补肥。根据桃生长结实情况，一般在桃树萌芽期(3月初)、硬核期(5月中旬)和果实膨大期追肥2~3次。成年树可追肥3~4次，萌芽期和花后追肥应以氮素为主，配合磷、钾肥，而硬核期及果实膨大期追肥应以钾肥为主，配合氮、磷肥。选用"龙飞大三元"肥料一定要注意不同规格的养分配比。

追肥施用方法主要有环状沟、放射状沟、条状沟、多点穴施和灌溉施肥等。

四、实例分析

1. 农家粪肥覆地面，引根上浮易冻害　河北辛集一些果农因担心施用未腐熟的农家肥伤树，就把农家有机肥用在桃树的树盘区域内，当然这也是不得已而求其次的方法，但还是建议不要这样用。这样做虽不会出现有机肥发酵产热伤根的问题，但还是能把大量病菌和虫卵带入果园，再者在腐解过程中会失去很多营养，也会因表层营养较多而诱发根系上浮，在冬季来临时根系易受冻害。要调整一下思路，既然要投资、要用有机肥，何不提前购买，按高温堆肥的方式进行发酵，或简单堆积1~2个月再施用都有较好效果。

2. 施肥次少量不足，枝弱花迟产量低　笔者2013年4月上旬到河南安阳内黄县，正逢开花季节。一个果农说他家桃树往年树长得不错，亩产接近2 500千克，但今年春季枝条细弱，花朵也小。到他的果园一看，情况如他所说，不但枝条细弱、花迟花小、叶片小，而且叶色浅黄，叶背脉和叶柄甚至枝条外皮都呈现紫红色，是较为典型的缺氮、缺磷综合症。问其施肥情况，得知他几年来一直是春季每株树用0.25千克尿素、0.25千克复合肥，夏季根据桃果的多少补施不确定量的复合肥，一般在1~1.5千克。据此分析，他的桃树不良表现与施肥不当有直接关系，表现在施肥时期、施肥量和品种搭配三个方面，首先是施肥时间，应重视秋施基肥。桃树多用三次肥，秋季、萌芽前后和膨果期。秋季如果能够足量和平衡地施肥，可以延

长叶片寿命，增加枝条粗度、促进花芽分化、增加树体贮藏营养，对树势和产量来说施肥效应远好于春季。二是施肥量，据丰产园调查，在亩产2 500 千克果实和维持树势正常的情况下，亩施农家肥2～3 米^3 的同时，尿素、过磷酸钙和硫酸钾三肥用量要占产量的10%左右，而他的果园施肥不足5%。三是氮肥、磷肥都不足，一般亩产2 500 千克，施用纯氮要达到18 千克，磷达到10 千克较为适宜。所以，他必须改变施肥习惯，不然的话，土壤会越来越贫瘠，树势会更趋衰弱。

3. 氮肥过量易疯长，落花落果降产量　一个果农反映他的桃园长势很好，就是结果没有别人的多，笔者6 月上旬来到他的桃园，远远看去桃园郁郁葱葱，叶色浓绿，问其管理情况，得知他在开花期每株树大约施尿素0.75 千克，复合肥0.75 千克，施肥后浇一次水。笔者分析桃树结果少与施用氮肥较多、浇水有一定关系，花期过量施用氮肥和浇水，都会促使新梢旺长，使花和幼果获得营养偏少，引起落花落果；再者花期浇水会降低土温，影响根系对养分的吸收和正常运转，不利于开花坐果。笔者建议同样的用肥量可在秋季用作基肥，在此基础上春季因树势定肥量，一般亩用尿素10 千克左右，再配以少量磷肥和钾肥，弱树可适当加量，但不可过多，早施肥早浇水；长势强的可以不施肥。

4. 中微量元素难移动，树体喷、涂是捷径　一个桃农为了预防桃树缺铁黄叶病发生，早春每株树用硫酸亚铁1.5 千克同复合肥一起穴施土壤，这种方法效果不会理想。缺铁现象在桃树生产上常常遇到且不易防治，缺铁原因很多，有土壤本身缺乏可溶性铁元素，有田间积水或过于干旱造成根系难以吸收铁元素，pH 高的碱性或偏碱性土壤铁元素的有效性会降低，等等，一定要找到问题所在才能较好地防治黄叶病。如雨涝积水果园只要及时排水，恢复土壤通透性就能缓解黄化现象。一般通过土壤施铁肥，其效果不如生长期间喷施叶面或树干注射，原因有两方面：一是铁和多数中微量元素在果树体内移动性很差，直接喷施到需要部位见效更快；二是铁元素在碱性土壤中很容易被土壤转化为难溶性化合物而失去有效性。这户桃农将铁肥和复合肥混用效果会更差，铁元素和磷元素之间存在拮抗作用，复合肥中的磷会降低铁元素的有效性。生产上也可通过土壤施用来补充铁元素，但要注意与土壤的隔离，即将铁肥和农家肥按 1∶15 左右比例混合，每株树 10 ~ 20 千克，这样可减少土壤固定，同时有机肥产生的有机酸也可提高其有效性。当然同时施用微生物肥料会更好，有些微生物具有将高价铁还原为低价铁的特性，从而提高铁肥有效性。

5. 土施化肥与土混，防止肥浓伤树根　春季看到一个果农施肥时，每株桃树挖 3 ~ 4 个穴，每株施尿素 1 千克左右，挖个穴把尿素放里面就掩埋，这种施肥方法有一定问题，因局部化肥过多，会造成土壤溶液浓度过高，表现在树体上部一般是同侧枝条顶端新叶似水烫萎蔫状或干枯，严重的根系死亡，幼树同侧枝条也可能枯死。所以除腐熟的农家肥外，不论什么化肥，在穴内都要和土壤混拌一下，再覆土，以防止伤根。

第四节　葡萄施肥技术

一、营养及需肥特性

葡萄具有很好的早期丰产性能，如土壤较肥沃，一般在定植的第二年即可开花结果，第三年即可进入丰产期。由于栽培葡萄为扦插繁殖，没有主根，扦插成活后产生大量的不定根，为使葡萄较好地进入丰产期，促进葡萄形成较发达的根系是早期施肥的关键。葡萄是喜肥果树，与樱桃、梨、桃等相比，同等产量吸收的氮、磷和钾是最多。不同生育时期对氮、磷、钾的需求不尽相同。根据对树体不同生育期氮、磷、钾含量的分析，葡萄需要氮量最多的时期在 5 ~ 9 月，

这个时期正是新梢迅速生长、开花结实和花芽分化的时期，如果氮素供应不足会引起生长迟缓、果穗发育不良、花芽分化质量差甚至不分化，这不仅使当年产量下降，而且会影响下一年的产量。但是，如果这个时期氮素过多，反而会造成生长过旺，枝条及果实成熟延迟，果实风味与品质下降，越冬和早春枝条抗寒能力差，引起枝条冻害。磷在植株幼嫩部分含量最高，生长前期供磷充足，可以促进枝条成熟和花芽分化，提高受精率，减少落果。葡萄的吸钾量多，而且在整个生长期间都需大量的钾素，尤其在果实成熟期间的需要量最大，素有“钾质植物”之称。从葡萄全年吸收的氮、磷、钾来看，无论是树体的生长还是果实的发育，对钾的需求量均高于氮。钾可以促使果实和枝蔓成熟，提高果实含糖量，增强抗病能力。缺钾时，枝软叶色淡，严重时叶缘出现枯焦现象，影响正常生长。因此，在葡萄生长季均应注意钾的供给和补充。

二、施肥量的确定

葡萄施肥量的确定有许多方法，目前常用方法有：

1. 按葡萄吸收营养量，土壤供给量及肥料利用率推算施肥量

施肥量(千克)=(葡萄吸收营养量-土壤供给量)/肥料利用率(%)

土壤养分供给量，一般氮占吸收量的1/3，磷、钾各为1/2。葡萄植株对肥料的利用率，研究结果表明氮为50%，磷为30%，钾为40%。

2. 按生产100千克果实所需养分推算施肥量　综合我国各地葡萄丰产园的相应资料，生产100千克果实从土壤中吸收纯氮为0.5~1.5千克，纯磷为0.4~1.5千克，纯钾为0.75~2.25千克。在肥料施用方面，考虑到磷素营养利用率较低和多数果园含氮较高的现实，氮、磷、钾比例以1:0.8:1.2为宜。

3. 按葡萄汁重量推算施肥量。德国报道，每1千克葡萄汁，需肥量纯氮为1.98~2.3克，纯磷为0.71~0.86克，纯钾为3.14~3.43克。

4. 根据土壤肥力按单位面积推算施肥量　见表7-4。

表7－4　葡萄每公顷施肥量

单位:千克

肥料成分	高肥力果园	中等肥力果园	瘠薄果园
N	79.5～100.5	109.5～139.5	150～199.5
P_2O_5	79.5～100.5	79.5～100.5	109.5～145.5
K_2O	79.5～100.5	100.5～109.5	109.5～150.0
CaO	349.5～550.5	349.5～550.5	349.5～550.5
Mg	150.0～300.0	150.0～300.0	150.0～300.0

5.按品种需肥特性推算施肥量　杨治元先生在大量的生产实践中,总结了葡萄不同类型品种的施肥量,供果农参考:

(1)较耐肥品种　纯氮35～40千克,纯磷30～35千克,纯钾40～45千克。

(2)中等用肥品种　纯氮30千克左右,纯磷25～30千克,纯钾30～40千克。

(3)控肥控氮品种　纯氮20～25千克,纯磷20～25千克,纯钾30～35千克。

施用"龙飞大三元"有机无机生物肥,建议大家以产量为基础推算,盛果期的丰产园,一般每亩年施"龙飞大三元"肥料(无机养分粒18:12:15)350～400千克,后期酌情补施硫酸钾肥10千克左右。

以上各种确定肥料用量的方法,实际应用时都要综合考虑土壤肥力、肥料利用率和葡萄植株的长势。

三、施肥技术

葡萄在不同的发育时期对营养的需求不同,因此,在生产中应根据葡萄不同发育阶段的要求,确定施肥的时期和种类。

1. 基肥　其作用是为葡萄从萌芽到落叶的整个生长季均匀长效地提供全面的营养,在管理水平相对较高的果园,基肥提供的营养一般占葡萄整个生长期所需营养的70%以上。

基肥施用时期可在春季萌芽前和秋季,但秋季效果更好,秋季

施基肥一般在果实成熟和新梢停长后进行。

基肥施用以有机肥为主，同时混入一定量的速效氮、磷肥或高氮型的“龙飞大三元”肥料，有利于当年贮藏营养的积累，促进春季萌芽率的提高，但对易徒长的品种，如巨峰葡萄应适当控制基肥中氮的用量。施肥方法以条沟状或全园铺施深翻为好。

2. 追肥　通常每年追肥3～4次。

（1）第一次追肥　芽眼膨大，根系大量迅速活动前（即开花期前10～15天）进行第一次追肥（催芽肥）。其主要作用是促使葡萄花芽继续分化，使芽内迅速形成第二、第三花穗。以氮为主配施磷、钾，使用量占全年的10%～15%。需肥较多的品种，每亩施高氮型“龙飞大三元”肥料40～50千克，或尿素7.5～10千克，需肥中等的品种，每亩施高氮型“龙飞大三元”肥料30～40千克，或尿素5～7.5千克，需肥量小的品种可不施肥。

（2）第二次追肥　第二次追肥（膨果肥）在落花后，此时幼果开始膨大，这次追肥主要是促使果实迅速膨大，应以氮为主，配施磷、钾，其用量占全年肥料总量的15%～20%。膨果肥一般果园均应重视，为避免一次用肥过多导致肥害，可分两次施用。生产上两次施肥的时期要根据品种和树势来确定。第一次施肥期，对于坐果性好的品种，且长势正常，不表现出徒长的葡萄园，可在生理落果前施用（注意不宜过早），生理落果后进入果粒膨大期可吸收到肥料，有利于果粒前期膨大；对于坐果性不好的品种如巨峰或坐果性虽好但长势过旺的葡萄园，可在生理落果即将结束时施用，这类葡萄园如施肥期过早，会加重生理落果。第二次施肥在第一次施肥后10～15天进行。

（3）第三次追肥　果实着色初期（枝条开始成熟）进行第三次追肥（着色肥），这对提高果实糖分含量、改善浆果品质、促进成熟都有良好效果。这次追肥以磷、钾为主添加少量氮肥，如果植株长势良好，枝叶繁茂，可以不加氮肥，施肥量约为全年的10%。

生产实践表明，浆果生长期施钾，对产量和含糖量有重大影响，

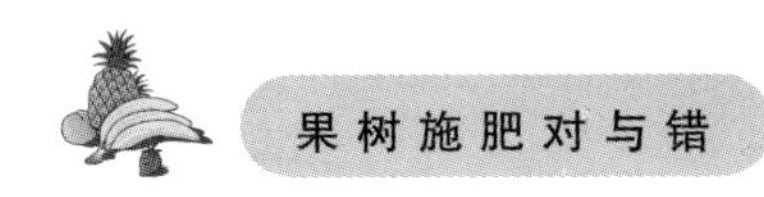

是钾肥最大效率期。所以钾肥应集中在第2~3次追肥时施用。

(4)第四次追肥　第四次追肥在采果后进行,主要作用是迅速恢复树势,促进同化作用和根系生长,增加树体和根系的养分贮备。此期应氮、磷、钾肥配合施用,对早、中熟品种的效果好,但对晚熟品种易诱发副梢,效果不佳。

追肥方法:以开沟条施覆土为主。

除了进行根部追肥外,还可根据树势情况进行根外追肥。喷施磷、钾、硼、尿素等肥料溶液。

四、实例分析

1. 树弱花序少而小,生粪伤根是罪魁　2006年初夏,笔者在河南三门峡看到一京亚葡萄种植园,长势较弱,花序少而小。与果农交谈,他感到很困惑,说近两年管理还是很下功夫的,每年除了施用化肥外,早春还每亩施用鸡粪3米^{3}多,而且鸡粪已经堆置有一个多月时间,应该是腐熟的。我们挖开根系一看,新根很少,根少就导致了长势弱。鸡粪的发酵要求在一定湿度和好氧条件下,粪堆高温达到50~60℃,并经过25天以上才能较好腐熟,这位果农的鸡粪在早春自然条件下堆放根本达不到腐熟要求的温度,春季用到果树根部,一是伤害的根系难以愈合,二是有机肥分解产生的一些有害物质会使根部腐烂,很难产生新根,使吸收养分受阻,因而长势弱,花序少。所以有机肥必须经发酵腐熟后使用,这样也能避免生鸡粪把大量的病菌和虫卵带入果园。

2. 施肥营养要平衡,氮多徒长成熟晚　2012年,河南灵宝市一个果农反映种植的户太8号葡萄,长势旺盛、茎蔓粗、果穗大,但成熟时果梗翠嫩,果实上色慢,果皮薄。了解其施肥情况得知,在秋施2米^{3}农家肥的基础上,化学肥料全年施3次,秋季亩施含氮、磷、钾各15%的复合肥50千克,春季亩施尿素50千克,后期施三元素复合肥80千克。即使不考虑农家肥养分含量,仅化学肥料养分亩均已达纯氮42.5千克,纯磷22.5千克,纯钾22.5千克。优质户太8号产量一般控制在2 500千克,以葡萄每收获100千克浆果需纯氮1.5

千克，纯磷 1 千克，纯钾 1.5 千克计，应施入纯氮 37.5 千克、纯磷 25 千克、纯钾 37.5 千克。由此可知，氮肥用量明显偏大，尤其是后期用量过多，而钾肥用量明显不足，氮多而钾不足，必然造成着色慢，成熟期推迟。

3. *后期氮多钾肥少，着色不易裂果多*　2008 年在葡萄成熟季节，河南洛阳偃师一个果农反映葡萄上色不好、裂果重、烂果多，仔细询问后，得知这位果农在后期施肥和浇水方面都存在一定问题，着色期亩施复合肥 20 千克，尿素 15 千克，又在葡萄成熟前 20 天左右浇了一次大水。葡萄后期应以钾肥为主，钾肥不足难以上色，大水浇园又促使了氮素肥效的发挥和果实的快速膨大，果皮较果肉膨大速度稍慢，必然造成裂果。

4. *复合肥料水溶差，浇水冲施浪费大*　广西一个果农在葡萄园里撒施复合肥后，浇水冲施，复合肥并非全水溶性肥料，浇水很难使其全部溶解，很大一部分肥料会裸露于地表造成浪费。建议果农对未标注冲施肥的肥料不要采用这种方法施肥，水溶性好的尿素会快速下渗到土壤深层而难以被根系吸收，磷肥由于表层土壤固定而难于被下层根系利用，何况多数肥料不是速溶性的，会淀积在表层而损失。

5. *大树施肥不宜近，距干太近易伤根*（图 7－3）　在新疆阿克苏的棚架葡萄园，很多果农施肥是在距主干 30～50 厘米处挖穴施肥，一个甘肃的果农说他每次施肥也基本都是这个位置。葡萄具有吸收作用的毛细根，随着树龄的增加，会不断地向外扩展，盛果期葡萄的吸收根 80% 分布于距主干 1 米以内，建议果农施肥时，小树在树冠边缘外侧施，逐年随树冠扩张而外移，大树在距主干 1 米左右

图 7－3　葡萄施肥近

处开沟或穴施，不应太近，太近容易损伤大根，也不利于吸收根吸收养分，并且要注意两侧轮换施肥。

第五节 枣树施肥技术

一、营养及需肥特性

枣树对环境条件适应能力极强，对土壤要求也不严，在 pH 5.5～8.5，含盐 0.4% 以下的平原、沙地、沟谷、山地均能生长良好，但以土层深厚、肥沃、疏松土壤为好。枣树的寿命很长，可达几十年，甚至上百年，长期在同一地点有选择地吸收营养，常导致土壤中某些营养元素的缺乏，应通过施肥来补充，以保证枣树的正常生长和发育。枣树的各生育期对养分的需求也不同。

从萌芽到开花期，对氮肥要求较高，合理地追施氮肥，能满足枣树生长前期枝、叶、花蕾生长发育的要求，促进营养生长和生殖生长；幼果至成熟前，以氮、磷、钾三要素为主，此期为地下部（根系）的生长高峰，适当地增加磷、钾肥，有利于根系生长、果实发育和品质提高；果实成熟至落叶前，树体养分进入积累贮藏期，仍需要吸收一定数量的养分，因此，为减缓叶片衰老和提高后期叶片的光合效能，可适当地追施氮肥，促进树体的养分积累和贮存。

二、施肥量的确定

1. *按产量推算施肥量*　有按产量计算施肥量的，一般每生产 100 千克鲜枣，需纯氮 1.5 千克、纯磷 1.0 千克、纯钾 1.3 千克。

2. *按树龄推算施肥量*　树龄不同对养分的需要特性不同，施肥数量也应有所区别，如山东农业大学根据枣树的树龄不同，提出了相应的施肥建议（表 7－5）。对于旺长树，应适当控制氮肥的施用；对于树势弱的果园，应增加氮肥用量。

表 7-5　不同树龄枣树的施肥量

单位:千克/亩

树龄(年)	有机肥	尿素	过磷酸钙	硫酸钾或氯化钾
1~3	1 000~1 500	5~10	20~40	5~10
4~10	2 000~3 000	10~30	30~60	10~25
11~15	3 000~4 000	20~40	50~75	15~30
16~20	3 000~4 000	20~40	50~100	20~40
21~30	4 000~5 000	20~40	50~75	30~40
>30	4 000~5 000	40	50~75	20~40

三、施肥技术

枣树年生长期较短,而从萌芽到落叶,其生命活动又极为活跃。因此,枣树既要搞好秋施基肥,使树体内有充足的有机营养贮备,还应按不同物候期分期追肥,以保证树体内最活跃器官对营养物质的需求。据此,枣树的施肥可以分以下几个时期进行:

1. 基肥　采收之前施基肥最好。基肥应以圈肥、绿肥、人粪尿等有机肥为主,有机肥不足或缺少有机肥的地区要多施全元素复合肥或枣(果)树专用肥,适当配合施入一些速效肥。成龄树每株施有机肥 50~100 千克,尿素、磷酸二铵、硫酸钾各 0.5~1.0 千克,施用"龙飞大三元"肥料的可选用高氮型(无机养分粒 28∶10∶7),每株 2~4 千克。10 年以下的树每株施肥量要逐年酌减。

基肥施用方法主要有环状沟、放射状沟、条状沟、多点穴施和全园撒施等。

2. 追肥

(1)萌芽前追肥　也叫催芽肥,此期追肥对开花坐果影响很大。特别是秋季未施基肥的枣园尤为重要。此次追肥北方枣区一般多在 4 月上旬进行,以氮肥为主,一般结果大树每株追施尿素 1.5 千克或高氮型"龙飞大三元"肥料 3~4 千克,不但可以促进萌芽,而且对花芽分化、开花坐果、提高产量都非常有利。

(2)花期追肥　枣树花芽为当年多次分化,分化时间长、数量多,开花时间长,消耗营养多,此期如果营养不足,容易造成大量落花落果。花期及时补充树体营养,不但可以提高坐果率,而且有利于果实的生长发育。花期追肥,一般在5月下旬,以磷、钾肥为主,氮、磷、钾混合使用。一般结果大树每株追施尿素0.5~1.0千克、磷酸二铵0.5~0.8千克和硫酸钾0.5~1.0千克,或用高钾高磷型大三元肥料(无机养分粒18:12:15)每株2~3千克,也可追施腐熟的人粪尿15~20千克。另外,盛花期喷0.2%~0.3%(200~300毫克/升)硼砂或喷施10~15毫克/升的赤霉素和40毫克/升的萘乙酸溶液,能促进花粉发芽及花粉管伸长,有利受精过程的完成,达到提高坐果率的目的。

(3)助果肥　枣树坐果后,果实迅速生长,初期表现为细胞的分裂,后期表现为细胞体积的增大,但无论是果实细胞数目的增加或细胞体积的增大,都直接影响果实的大小和产量的高低。因此,此期养分供应不仅直接影响产量的高低,而且也关系果实品质的好坏。追肥以7月上中旬为宜,应氮、磷、钾配合施用,最好追施枣(果)树专用肥。每株结果枣树追施高钾型"龙飞大三元"肥料2~3千克,追肥后及时浇水、松土。

(4)后期追肥　一般在8月上中旬施用,此次追肥对促进果实品质的提高和树体营养的积累尤为重要,施肥以磷、钾为主,可使枣果上色好,糖分多,果实饱满,出汁率高。此次追肥可使用磷酸二铵和硫酸钾,结果大树每株各施0.5~0.7千克。

追肥施用方法主要有环状沟、放射状沟、条状沟等。

四、实例分析

1.枣树施肥不能少,科学增肥产量高　枣树适应性很强,耐旱耐瘠薄,即使在旱薄地种植也有一定产量,致使一些人误以为枣树不施肥或少施点肥料就行。2008年,笔者在河南灵宝下乡时,一个果农反映其枣园施肥少,每亩年施氮磷钾含量各为15%的复合肥20~30千克,产量低,亩产干枣不到500千克,他想加大施肥量,可

其父亲说枣树生来命就贱，施肥多了长得旺、不结枣。施肥后造成树旺，条子多不结果，主要是肥料选用品种不当，氮素肥料过多，只要注意平衡施肥就不会出现这些问题。经果农同意，用其 2 亩枣园做了示范试验，每亩加施农家肥 2 米^3 左右，氮、磷、钾含量各为 15% 的复合肥用量提高到 80 千克，结果当年产量就提高 30%，连续三年后，试验枣园比习惯施肥的枣园产量翻了一倍。现在他的枣园施肥量提高了，产量也相应增加了。

2. 生粪上地害处大，烧伤根系难萌芽(图 7－4)　2010 年 4 月初，新疆阿克苏的枣园一片翠绿，很多枣头已开始伸长，可有一个枣园，3 年树龄的枣树还像处于沉睡之中，偶尔能见到一个凸出的幼芽。该枣园果农很着急，邀笔者前去察看，到枣园后发现树盘下厚厚的一层粪便，原来果农在枣园旁边新建了一个养鸡场，上年秋季，每棵树下都浇灌了一层浓稠鸡粪，我们挖出根系一看，筷子粗细根的根皮几乎全部变成黑褐色，轻轻一剥即与木质部分离，毛细根几

图 7－4　施用未腐熟鸡粪伤害的枣树根系

乎没有。笔者据此判定不发芽或发芽晚的原因就是大量施用未发酵腐熟的生鸡粪,加上鸡粪中含有大量的碱,在秋季已经使枣树根系受到伤害,由于树小肥多,根伤没有得到愈合,春季根系不能吸收水分所致。所以,使用鸡粪必须腐熟。实践中很多果农怕未腐熟鸡粪对果树造成伤害,往往撒施于地表,较干燥的鸡粪虽不会伤根,但会造成鸡粪中大量的氮素养分挥发。

3. 单施氮肥会疯长,催花落果降产量 5 月初,笔者在新疆阿克苏枣园了解管理情况,一个果农说今年还没有施肥,问其原因,他说前两年春季施肥都吃了大亏,枣树疯长,枣头多,枣吊长,结枣少。仔细询问得知他只用了尿素,没有配合磷、钾肥,枣树对氮肥很敏感,单施氮肥很容易引起营养生长过旺,养分都集中到了枣头上,花和枣营养缺乏,就会出现坐果少、落果多的现象。所以前两年不是施肥早,而是施肥的品种不当,应该氮、磷、钾三肥配合施用才行。

4. 肥料品种选不对,投资再多白浪费 2010 年夏季,新疆阿克苏一个果农反映其枣园枣头弱,叶片黄,询问其管理情况,说到施肥时,今春萌芽前他没有再买肥料,用的都是去年没用完的肥料,每株树 1.5 千克,查看他用过的肥料袋子证明他所施用的是硫酸钾。看来枣头弱和叶色黄的原因就是选用肥料品种不当。枣树一生对养分的需求类型不同,前期吸收氮素较多,磷、钾较少,对磷吸收,一生较为均衡,中后期需钾较多。而此果农萌芽时没有施用氮素肥料,使枣树在春季根、枝、叶、花、果实各种器官的细胞分裂和膨大期的关键时期,氮素营养跟不上,致使树体生长发育缺乏相应的蛋白质,因而枣头弱,叶色黄。同样是投入肥料,时间不对、品种不对,都不会取得好的效果。

5. 尿素水溶液易渗漏,肥后漫灌应忌讳(图 7-5) 在新疆阿克苏的春天,很多枣农在施肥时习惯把尿素撒施地表,然后大水漫灌,即使沙质土壤在浇水后的几个小时内一些地块也积水。大水漫灌的原因是阿克苏土壤碱性大,大水漫灌能以水压碱,使表层根系有较好的生长环境。但这种方法对肥料浪费很大,尿素水溶性好,能

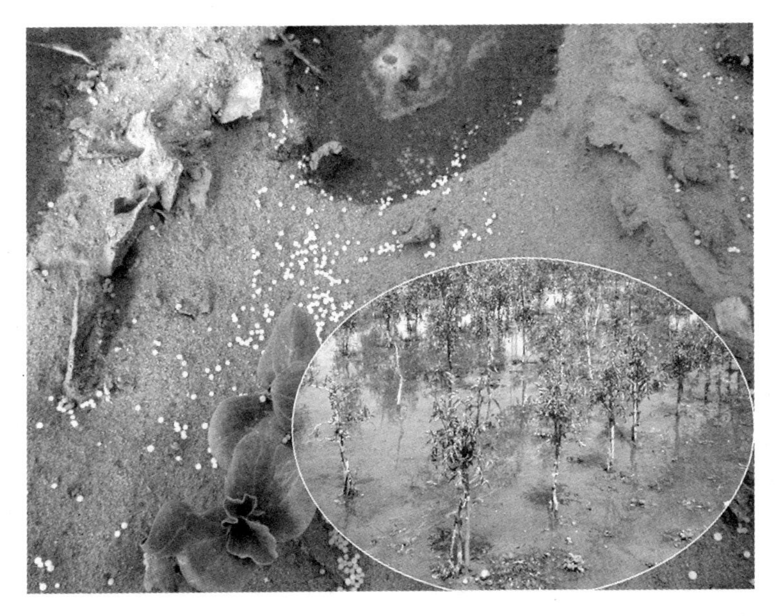

图 7－5 果园春季冲施尿素

在水中完全溶解，施用后没有任何残余物遗留在土壤中，是一种很好的氮素肥料。但它有一个突出的特点，所含酰胺态氮不能直接被作物吸收，必须通过土壤中微生物的作用，经过 2～10 天转化成铵态氮后才能被利用。如果施用尿素后马上灌水或者降雨，它就会被水溶解，由于土壤胶体与尿素之间的吸附力很弱，尿素就会随水淋至深层，降低肥效。结合阿克苏的特点，笔者帮助枣农制订了先浇水后施尿素的方法，但不能撒施地表，必须覆土，因为尿素裸露地表会转化为碳酸铵后造成氮素挥发散失。

6. 土壤施肥太集中，伤根枯枝常发生（图 7－6） 新疆阿克苏有一些低龄枣园，在春季常出现部分植株一侧枝条死亡或顶端叶片干枯死亡的现象。调查发现多是因为施肥不当造成的。当地地多人少，劳力紧张，很多枣农施肥只在一侧挖穴施肥，而且距树干较近。果树地下部根系吸收的矿质营养具有同侧输送的功能，即左侧根系吸收的营养多数供应于左侧枝条生长需要，右侧根系吸收的营养多

图 7－6　一侧施肥过量同侧枝叶受伤

数供应于右侧枝条生长需要。如果在一侧施肥过多,会使局部盐分浓度过高,造成根系吸收水分困难,甚至中毒死亡,在地上部表现为轻者同侧枝条前段萎蔫(后期可以恢复生长),重者同侧枝条死亡,同侧主干皮层发黑开裂达木质部。所以,施肥部位一定要适当多一些,如果穴施,每株树挖 5～8 个穴,要施在树冠的正投影边缘附近,距主干太近,吸收根少,不利于吸收养分,也易伤害较粗侧根。

7. 微肥用量要慎重,过量中毒害不轻(图 7－7)　在缺硼的枣园补充硼肥,可以提高坐果率,减少缩果病,很多果农都把施用硼肥作为一项关键措施来用,施用硼肥一要注意时期,二要注意用量,生产上多以 0.1%～0.2% 硼砂溶液在花期喷施,或于开花前 3 周灌根,也有结合施基肥时和农家肥混合后一并施入根部的,每株成年树施硼砂 0.1～0.2 千克,过量往往引起中毒危害。笔者 2010 年在新疆阿克苏遇到花前随水冲施过量硼肥造成危害的情况。该果农亩冲施硼砂 50 千克,第二天早上就表现出中毒症状,尤其近水口十余棵

图 7－7　过量施用硼肥的枣园

枣树更为明显。表现为整体叶色变为黄绿色，新生枝条不能挺直，叶片纵向、横向翻卷几乎成倒钩状，叶缘变黄，近叶缘的两条大支脉旁出现黄色斑块，严重的全叶浅黄色，其上只有少量绿色斑块。一星期后，严重的两棵树，叶全部干枯，较重的叶缘干枯，半月后叶干枯脱落的枝条顶端才冒出细弱新稍。全园看起来叶片小、叶色淡、树势弱。后期电话询问该果农得知，其枣园枣小，产量明显下降。

第六节　樱桃施肥技术

樱桃是落叶果树中果实成熟最早的树种，为乔木或灌木。树高 2～7 米，冠径 3～6 米。3～6 年开始结果，7～10 年进入盛果期，可持续 15～20 年，寿命数十年。

一、营养及需肥特性

樱桃喜微酸性土壤，对肥料的敏感性强。樱桃根系营养特性因品种、砧穗组合及土壤条件而异。中国樱桃中，草樱桃的须根发达，在土壤中分布层浅、水平伸展范围很广。泰山樱桃主根不发达，须根和水平根很多，多分布在 20～30 厘米的土层中。

针对樱桃根系的分布特性，在施肥上，一方面可利用根系的趋肥性，通过适当深施肥，扩大根系分布范围；另一方面，当骨干根分布达到一定范围后，尽量把肥料施在根系集中分布层，以便提高肥料利用率，发挥最大效率。樱桃的果实发育期较短，其结果树一般只有春梢一次生长，且春梢的生长与果实的发育基本同步。樱桃的枝叶生长、开花结实都集中在生长季的前半期，而花芽分化也多在采果后的较短时间内完成。可见，在樱桃的年周期中，具有生长发育迅速、需肥集中的特点，在养分需求方面主要集中在生长季的前半期。此期主要是利用冬前树体内贮藏的养分，养分的多少及分配对樱桃早春的枝叶生长、开花、坐果和果实膨大有很大影响。贮藏养分的水平还影响花果的抗冻性。所以在樱桃施肥上，要重视秋季施肥，追肥要抓住开花前和采收后两个关键时期。

从不同树龄上看，3 年以下的幼树，树体处于扩冠期，营养生长旺盛，此期对氮、磷需求较多，应以氮肥为主，辅以适量磷肥，促进树冠及早形成，为结果打下坚实的基础。4～6 年生为初结果期，此期除了树冠继续扩大，枝叶继续增加外，关键是完成由营养生长到生殖生长的转化，促进花芽分化是施肥的重要任务。因此，应注意控氮、增磷、补钾。7 年生以后进入盛果期，除供应树体生长所需肥料、补充消耗外，更重要的是为果实生长提供充足营养。樱桃果实生长需钾较多，应增加钾肥施用量。

二、施肥量的确定

樱桃施肥量的确定，原则上幼树以树龄计算，结果期大树以产量计算，结合树势加以调整。有条件的地方可进行诊断施肥。

1. 幼树　有机肥与化肥相结合，化肥以氮肥为主，辅助磷肥，初果期适量补充钾肥。有机肥依树龄大小一般在秋后每株施腐熟农家肥，如猪粪10～60千克，每100千克猪粪中掺混5千克过磷酸钙，拌匀后施入。氮肥随着树龄增大施肥量逐年增加，一年生树通常每株年施氮肥50克左右，2～3年生树每株年施氮肥100克左右，4～5年生树每株年施氮肥0.3～0.4千克，初结果树按氮、钾比1∶1施用。

2. 结果期树　生产优质果，要施足有机肥，原则上按1千克果施优质农家肥1～1.5千克为宜，同时要配合化学肥料的应用。据研究，每生产1 000千克樱桃鲜果实需纯氮10.4千克、纯磷1.4千克、纯钾13.7千克。生产中可按产量、土壤供肥量和肥料利用率确定施肥量。

施肥量（千克）=（樱桃吸收营养量－土壤供给量）/肥料利用率（%）

土壤养分供给量，一般氮占吸收量的1/3，磷、钾各为1/2。樱桃树肥料利用率因施用技术和土壤条件不同，变化较大，一般来说氮为35%～50%，磷为10%～15%，钾为40%。

山东农业大学姜远茂教授在山东对樱桃进行肥料试验后，提出了更为简单地以产量定肥的方法，即盛果期的樱桃施肥量，每亩施优质农家肥2 000千克或生物有机肥每株10～20千克，化学肥料按每100千克产量，施纯氮1.0千克，纯磷0.5千克，纯钾1.0千克。

以产定肥不能盲目提高产量，要限产提质才能获得较高收益，也可有效减轻大小年现象。同时由于管理水平，环境条件不同，树体对施肥的反应也不同，所以施肥量还必须因树势强弱加以调整。通常以外围新梢长度为衡量标准，幼树外围新梢长度60～100厘米，4～5年生树40～60厘米，结果树20～30厘米比较适宜，过长则表示氮肥用量过多，应适当减少施用量，过短则表示氮肥用量不足，应相应增加施肥量。

三、施肥技术

樱桃从开花至成熟期时间极短，前期生长发育迅速，需肥量大。

生产上一要施足基肥，增加树体贮藏养分量；二要追肥及时，如若施肥时期滞后，不仅推迟成熟期，而且引起落果和裂果现象而降低品质。

1. 基肥　宜在9～10月进行，以早施为好，可尽早发挥肥效，有利于树体贮藏养分的积累。实验证明，春施基肥对大樱桃的生长结果及花芽形成都不利。秋施基肥亩用有机肥3 000～4 000千克，高氮型“龙飞大三元”肥料（无机养分粒28:10:7）50～80千克或尿素10千克、过磷酸钙20千克、硫酸钾5千克。

2. 追肥

（1）花前追肥　甜樱桃开花坐果期间对营养条件有较多的要求。萌芽、开花需要的是贮藏营养，坐果则主要靠当年的营养，因此初花期追肥对促进开花、坐果和枝叶生长都有显著的作用。花前追肥一般亩用高钾型“龙飞大三元”肥料（无机养分粒18:12:15）30～60千克，或尿素5千克、过磷酸钙15千克、硫酸钾15千克。

甜樱桃盛花期土壤追肥肥效慢，为尽快补充养分，在盛花期喷施0.3%尿素+（0.1%～0.2%）硼砂+600倍磷酸二氢钾液，可有效地提高坐果率，增加产量。

（2）采果后追肥　甜樱桃采果后10天左右，即开始大量分化花芽，此时正是新梢接近停止生长时期。整个花芽分化期40～45天，采收后应立即施速效肥料，如高氮高钾型“龙飞大三元”肥料，每亩40～60千克或尿素10千克、过磷酸钙15千克，以促进甜樱桃花芽分化。

施肥方法可采用多条（6～10条）放射状沟或环状沟施肥法，为避免根系受到伤害，也可采用全园施肥，施肥后随浇透水。

四、实例分析

1. 基施鸡粪未腐熟，伤根死树易发生　山东烟台一个果农电话咨询其樱桃园春季有不少树枝条死亡，个别树整株死亡，大部分树萌芽偏晚，萌发的芽也没有生机。询问其管理情况得知，冬前一棵树施生鸡粪20千克、复合肥3千克，在树的两侧距树干1米左右开穴施入。从其反映的情况看，很可能是肥害烂根造成树体死亡，因为未经发酵腐熟的农家肥、化学肥料集中施在主根附近，由于鸡粪

在土壤中分解时即会产生热量和毒素伤害根系，化学养分浓度过高，也会使主根上的毛细根吸水困难，轻者吸收根死亡，时间久了可以再生，严重的导致主根根系皮层发黑坏死，反映在地上部就有死树、死枝和萌芽迟缓等现象。所以，农家肥施用前必须腐熟，化学肥不可过量集中施用，施肥时不可距主干太近，同时注意肥料和土壤要混合后再覆土。

2. 有机无机要搭配，科学施用有学问　在樱桃园施用基肥时，一些果农对农家肥与化肥的结合施用有两种不妥认识：一是陕西一个果农，秋季施肥只用农家肥，不敢用化肥，怕引起旺长；二是山东一个果农认为农家肥后效长，怕引起后期旺长而不用农家肥，只用化肥。实际上，只要合理搭配，适时用肥，在基肥中化肥可以用，农家肥更是好肥料。两者互相配合，不仅能做到肥效互补、养分互补，而且对培肥地力和提高果品品质都有诸多好处。第一种情况完全有必要配合一定量的化肥，因为秋季施基肥不但是恢复树势，更重要的是利用健壮的叶片和适宜的环境条件，促进光合作用，为树体积累更多的营养为春季所用。因为樱桃树春季各种生长发育所需营养多来自于贮藏营养，较其他果树来说，春季生育阶段更为集中，枝叶的生长和开花坐果都集中在这一时期，单施有机肥，养分含量少，肥效慢，很难满足贮藏大量营养供春季所需。而配合适量的化学肥料，由于其肥效快，可以尽早地被根系利用而发挥作用，增加贮藏养分。但补施化学肥料要因树势而定，肥料品种还要合理搭配，树势强的要适当晚施肥，不用或少用氮肥，防止秋梢产生和旺长，秋梢少的中庸树和弱树可氮、磷、钾配合，用量占全生育期的50%～60%，而且要在9～10月早施。第二种情况，是由于施肥时间不当而引起对有机肥的误解，农家肥分解慢，施入土壤中转化时间长，秋季施用完全不存在引起旺长的问题，而在春季做基肥，用量大的话，待到肥效大量发挥时已到后期，往往引起枝条旺长而影响花芽分化等。所以只要时期合适，农家肥可以放心施用。

3. 果后施肥促花发育，奠定来年产量基础　山西一个果农一年施2～3次肥，秋天一次基肥，春天萌芽前追一次，樱桃膨大期结合树的挂果量再适当补施一次。这样的施肥方法必须调整，一是萌芽前这次肥一定要结合秋季施肥和果树长势而定，秋施基肥足、果树枝条粗壮、花芽饱满的，说明贮藏营养充足，可以不施或少施，对于秋季没有施肥或长势弱的，要早施肥且加大用量。二是采果后必须施肥，因为樱桃采果后10天左右，花芽开始大量分化，整个分化期需40～45天完成。此期施肥使树体营养充足，可促进花芽分化，为翌年产量奠定基础。如果此期营养不良则易形成败育花及双雌蕊花（将来形成双子果），影响次年产量。此期施肥要选用肥效迅速、多元复配的肥料，每株可用充分发酵的有机肥10千克和三元复合肥0.5～1千克，不可偏施氮素肥料，以免枝条过旺反而影响花芽分化。

4.投影边缘施肥好，小外大内肥效高　河南焦作市一个果农对结果期的樱桃采用穴施施肥，位置在树冠投影的外侧20～50厘米，这个位置施肥不利于结果大树对养分的吸收。一般来说幼树的吸收根多数处于树冠投影的边缘外侧，为了扩展根系和促进地上枝条伸展，建立丰产骨架，利用根系的趋肥性，多采用环状施肥，施肥位置在树冠投影边缘的外侧，以引导根系向外快速扩展，扩大根系吸收面积，但进入盛果期的樱桃满园都有根，施肥目的已转移到提高产量和质量方面，施肥就要施在吸收根密集的区域，以缩短吸收根与养分的距离，以便快吸收早利用。丰产园的吸收根多数在树冠投影边缘的内侧，所以施肥位置在投影边缘内侧较为适宜，要把肥料的70%左右投放在这个区域内。

5.追肥撒施浪费大，根系上浮抗性差　大樱桃根系浅，一般分布在土层5～30厘米，大量集中在20～25厘米，生产上基肥的施用应在这个深度或稍深，利于吸收养分和引根下行，提高根系抗旱、抗冻能力。但山东有些果农施肥时，将化学肥料撒施地面后用盘耙旋耕，农家肥覆盖地表，这样会使很多养分裸露地表难以利用，降低肥料利用率，进入耕层的肥料也主要集中在0～15厘米，不利于根系的吸收，且易造成根系上浮，长期下去，果树的抗逆能力，即抗旱、抗

冻、抗风能力都会降低，不利于果树的健壮生长。

第七节 猕猴桃施肥技术

猕猴桃根为肉质根，主根不发达，须根繁多，分布浅而广，多在50厘米表土层内，但根的导管发达，根压大，吸收、输送养分能力强。适应于温暖较湿润的微酸性土壤，最怕黏重、强酸性或碱性、排水不良、过分干旱、瘠薄的土壤。生产中一定要注意培肥土壤。

一、营养及需肥特性

猕猴桃生长过程要求土壤有丰富的有机质，有足量的氮、磷、钾及中微量元素，与其他作物相比，对氯元素的需要量也较大。国内外研究结果表明，土壤中有机质含量在2.5%以上，才能获得优质果，氮、磷、钾要合理搭配，其中幼树生长期以氮为主，结果期氮、磷、钾比例一般为1:(0.25～0.5):(0.8～1)。而铁、锌、锰、镁、硼、钙等元素也缺一不可，上述元素缺乏后会产生生理性病害，也会引起抗性弱，易染病虫。所以，不同阶段要适量适时供给。

猕猴桃在各个生长阶段对养分需求也有不同。据王建等研究，果实生长期的5月中旬至9月上旬是吸收氮、磷、钾养分最多的时期，此期吸收氮是总吸收量的84.43%，吸收磷是总吸收量的70.45%，吸收钾是总吸收量的74.28%。而5月中旬至7月上旬又是此期中的需肥高峰，生产中一定要注意满足肥料的供应。要防止把大量的肥料做基肥提前施入，造成不必要的浪费，也使后期养分不足，影响产量。

二、施肥量的确定

中华人民共和国农业部2002年7月25日颁布，同年9月1日开始实施的《无公害食品 猕猴桃生产技术规程》(NY/T 5108—2002)中指出,施肥量要以果园的树体大小及结果量、土壤条件和施肥特点确定。肥料中氮、磷、钾的配合比例为1∶(0.7~0.8)∶(0.8~0.9)。不同树龄的猕猴桃树施肥量见表7-6。

表7-6 不同树龄的猕猴桃树施肥量

单位:千克/亩

树龄(年)	有机肥	纯氮	纯磷	纯钾
1	1 500	4	2.8~3.2	3.2~3.6
2~3	2 000	8	5.6~6.4	6.4~7.2
4~5	3 000	12	8.4~9.6	9.6~10.8
6~7	4 000	16	11.2~12.8	12.8~14.4
成龄树	5 000	20	14~16	16~18

注:根据需要加入适量铁、钙、镁等其微量元素肥料。

此标准是西北农林科技大学等单位科研人员依据美味猕猴桃和中华猕猴桃生产制订的,而全国各地品种不同、土壤等环境条件差异较大,在施肥量方面也要依据具体情况有所调整。

三、施肥技术 对成年猕猴桃来说,根据其养分吸收特点,可以确定以下4个施肥时期:

1. 采果肥(也叫基肥,秋末冬初) 以有机肥为主,配合大量元素和中微量元素肥料。

2. 催梢肥(也叫春肥,3月萌芽前) 此时施肥有利于萌芽开花,促进新梢生长。春肥在刚刚要发芽时进行,以速效肥为主,追肥后灌水1次。

3. 促果肥 花后30~40天时果实迅速膨大期,缺肥会使猕猴桃膨大受阻。在花后20~30天时施入速效复合肥,对壮果、促梢、扩大树冠有很大作用,不但能提高当年产量,与来年花芽形成也有一定关系。这一时期由于树体对养分的需求量非常大,所以应土壤施肥结合叶面喷肥,施后全园浇水1次。

4. 壮果肥　在7月施入，此期正值根系第二次生长高峰、幼果膨大期和花芽分化期。而且此期新梢迅速生长又将消耗树体的大量养分。因而，此期补充足量的养分可提高果实品质，又弥补后期枝梢生长时营养不足的矛盾。这一时期应以叶面喷肥为主，可选用0.5%磷酸二氢钾溶液、0.3%～0.5%尿素溶液或0.5%硝酸钙溶液。此期叶面喷钙肥还可增强果实的耐贮性。

基肥、追肥的施用方法主要有环状沟、放射状沟、条状沟、多点穴施和灌溉施肥等。

四、实例分析

1. 农家粪肥不腐熟，病多根伤树势弱　河南南阳西峡一个果农每年春季投放到猕猴桃园的农家肥（牛粪、鸡粪）有3米^{3}以上，化学肥料也不比别人少，可前半年的叶子总是黄黄的，树势也不健壮，疑为缺铁。春季到果园挖开土壤一看，施肥穴处的须根多数根尖发黑死亡，根皮呈现深褐色。了解之后得知该果农是从养殖场拉回的生粪直接施用，生肥施用弊端很多，不但带进了大量的病菌、虫卵、草籽，而且在发酵中产生有害物质和热量会伤害大量的毛细根，使根部吸收水分和养分的能力降低，根系弱导致树势弱。该果园树势弱，叶子黄与生粪伤根有直接关系，后期叶色恢复正常是由于根系生长恢复正常。建议其今后一定要把肥料腐熟后再施用，不然花了钱，反而达不到应有的效果。

2. 四季用肥料，秋季最重要　在河南南阳一猕猴桃种植区，多数果农都是选择春季和夏季施肥，仅有少部分果农选择秋季施基肥。秋季施肥是很重要的。果实采摘后的秋季是猕猴桃根系的一个生长和吸收养分高峰期，及时施肥可尽快地恢复树势，维持叶片的功能，延缓衰老和保持较强的光合生产能力，促进花芽分化，尤为重要的是提高营养贮藏水平，对冬季减轻冻害和翌年春季萌芽和新梢生长、开花、提高坐果率都有重要作用。秋季施肥利用率远大于春季，而且较好地避免春季施肥不当易引起的枝条旺长问题。所以，摘完果后必须尽快施足基肥。

3. *肉质根系不耐肥，量大过近都伤根* 2011年3月，四川雅安一个果农电话咨询，讲述其施肥后第二天，一些果树的枝蔓出现叶片萎蔫，一星期后枝条前端枯死。由于施肥用的是尿素和复合肥，不知是否方法存在问题。谈话中了解到，他每株树施尿素400克左右、施复合肥1千克，穴施30厘米深，距主干50～70厘米开穴2～4个不等，据此，笔者认定问题应该是出在施肥不当，与施肥量和位置都有关系。猕猴桃是喜肥又怕肥的作物，由于其生长量和生长势决定了它对养分需求的迫切性，但其肉质根系对土壤盐分浓度很敏感，肥料稍多，就对根系产生伤害。一般来说，结果猕猴桃春季株用尿素在200克左右为宜，化学肥料总用量不超过1.5千克，这位果农尿素用得多，氮素养分浓度过高，再加上施肥距主干近，穴数少，根系很容易接触高浓度的肥料而受到伤害，表现在地上部，施肥早的，施肥一侧的枝蔓前端难以萌芽；施肥晚的，叶片已出的新叶会萎蔫，稍重枝蔓前端会枯死，严重的甚至整个枝条会枯死。所以猕猴桃施肥，宜采用少量多次施肥法，且要适当多开穴，穴开在树冠投影的边缘内侧，肥料要与土混合后再覆土为宜。

4. *后期少氮多用钾，品质又好果又大* 河南南阳一个果农在6月下旬追施膨果肥，选用磷酸二铵肥料，此期施此种肥料不妥。猕猴桃在各个生长时期对三要素氮、磷、钾养分的需求是不一样的，枝条生长期以营养生长为主，生殖生长为辅，应以氮肥为主，氮、磷、钾的比例为2∶1∶1；而结果后的生长期以生殖生长为主，营养生长为辅，氮、磷、钾的比例是1∶1∶1；膨大后期至成熟期需要钾量更大，氮、钾比要达到1∶2。后期施钾有利于果实的膨大和提高品质。也就是说膨果肥必须加大钾肥的用量，而磷酸二铵里面只有氮和磷两种成分，故不应施用。

5. *投影边缘施肥好，小外大内肥效高* 该实例分析参照第六节樱桃施肥技术中实例分析相关内容。

第八节

柑橘施肥技术

一、营养及需肥特性

柑橘、橙和柚统称为柑橘类果树，其生长特点是结果早，结果期长，开花量大。在一年中一般抽生春、夏、秋三次梢。如果冬季温暖还可以抽生冬季梢。因此，没有明显的深休眠期，而且须根发达。所以，柑橘需肥量大。

柑橘对所需养分的吸收，随物候期的变化而不同。新梢对营养的吸收，由春季开始迅速增长，夏季达到高峰，入秋后开始下降，入冬后基本停止。果实对磷的吸收，从6月逐渐增加，至8月初达到高峰，以后趋于平衡；对氮、钾的吸收从6月开始增加，8～9月出现最高峰。春季的4月到秋季的10月，是柑橘一年中吸肥最多的时期，施肥时应考虑这些特点。若施肥不当，将带来危害，春梢萌发时氮过剩，往往春梢徒长，降低坐果率；后期氮过剩，晚秋梢不断发生，会影响柑橘越冬；果实膨大期缺氮，生理落果严重，果实小，产量低；过多施钾还会增加果皮厚度，影响品质。

二、施肥量的确定

柑橘施肥量的确定，需要考虑土壤营养状况，柑橘品种，树体生长发育情况，树体结果及对果实品质的要求等因素。一般薄土多施，肥土少施；大树多施，小树少施；丰产树、衰弱树多施，低产树、强壮树少施；甜橙耐肥多施，橘类耐瘠宜略少施。从理论上讲，可以采用下列公式计算施肥量：

施肥量(千克)=(柑橘吸收营养量－土壤供给量)/肥料利用率(%)

每生产1 000千克，需纯氮6千克，纯磷1.1千克，纯钾4千克。一般来说土壤可供果树吸收的氮为总需量的1/3，磷、钾各为1/2。

而不同肥料利用率也不同，目前国内肥料利用率大致为，氮肥30% ~40%，磷肥10% ~25%，钾肥40%左右。以亩产3 500千克柑橘需氮素量为例，计算施肥量为：

施肥量(N)=[21-(21×1/3)]/0.4=35(千克)

同样可以得出需施磷、钾肥的量。

以公式计算得来的理论数据可作为施肥的参考，有条件的地方可结合试验加之调整使用。

实践证明：丰产园的实际施肥量比理论施肥量大1~1.5倍。有关丰产园施肥量及氮、磷、钾的施用比例见表7-7和表7-8。

表7-7 柑橘丰产园施肥量

单位：千克/株

单　位	尿素	过磷酸钙	菜籽饼	花生麸	骨粉	猪粪	绿肥	厩肥
福建省果树研究所	0.5	2.5		5.0		40	5.0	
浙江黄岩柑橘研究所	1.9~2.2	0.5	3.5		0.75	150		30.4
广东省澄海区上华乡	0.43	0.2		0.5		30		
广东省汤村柑橘场石岗岭分场	1.50	3.0		3.0		30		

注：产量每亩2 500~5 000千克，栽植密度每亩70~100株。

表7-8 国内外氮磷钾施用量及比例

单位：千克/(亩·年)

单　位	氮素	磷酸	氯化钾	氮:磷:钾
中国农业科学院柑橘研究所	15~20	7.5~10	15~20	1:0.5:1
福建省果树研究所	50	35	35	1:0.7:0.7
广　东	10~14	—	—	—
浙江黄岩柑橘研究所	35	24.5	24.5	1:0.7:0.7

续表

单　　位	氮素	磷酸	氯化钾	氮:磷:钾
福建亚热带作物研究所	25～30	12.5～15	25～30	1:0.5:1
台　　湾	13.3	13.3	16.7	1:1:1.2
美国加州	6.7～20	6.7	6.7～13.3	1:1:1
日　　本	20	12	16	1:0.6:0.8

注:以每亩 70 株折算。

三、施肥技术

在柑橘施肥中应综合考虑树龄、品种、树势状况、产量要求及土壤条件、水分状况和病虫防治等,才能达到施肥合理、优质高产的目的。

1. 幼树施肥　未进入结果期的幼树,其栽培目的在于促进枝梢的速生快长,培养坚实的枝干和良好的骨架,迅速扩大树冠,为早结丰产打下基础。所以,幼树施肥应以氮肥为主,配合施磷、钾肥。氮肥施用的重点,着重攻春、夏、秋 3 次枝梢,特别是攻夏梢。夏梢生长快而肥壮,对扩大树冠起很大作用。因此,幼树施肥有以下要点:

(1)增加氮肥施用量　因为幼树主要是营养生长,要迅速扩大树冠,需施用大量的氮素。根据各地试验,一般 1～3 年生幼树全年施肥量,平均每株可施纯氮 0.18～0.5 千克,合尿素 0.35～1.0 千克。同时,还应配合适量的磷、钾肥。随着树龄增大,树冠不断扩大,对养分的需求不断增加。因此,幼树施肥应坚持从少到多,逐年提高的原则。国内外幼树施肥量见表 7－9。

表 7－9　国内外 1～3 年生幼树施肥量

单位:克/(株・年)

项　　目	树龄	氮	磷酸	氧化钾	备注
中国农业科学院柑橘研究所	1～2	138～175	35～70	—	每年加 1 倍

续表

项　　目	树龄	氮	磷酸	氧化钾	备注
浙江黄岩柑橘研究所	1～3	40～80	38～76	25～50	
广　　东	1～3	75	20～30	30～35	
重　　庆	1～3	35～50	10	10	
福建省果树研究所	1～3	175～500	—	—	
武　　汉	1	80	20	40	
日　　本	1～3	75	75	37.5	
印　　度	1～3	50～150	40～80	45	

(2)施肥时期　着重在各次抽生新梢的时期，特别是5～6月促生夏梢，应作为重点施肥期。7～8月促进秋梢生长也是重要的时期。

(3)施肥次数　幼树根系吸收力弱，分布范围小而浅，又无果实负担。因此，一次施肥量不能过多，应采用勤施薄施的办法，即施肥次数要多，每次施肥量要少。一般每年施肥4～6次，或更多次数。

(4)间作绿肥，培肥土壤　幼年果园株行间空地较多，为了改良土壤，增加土壤有机质，提高土壤肥力，防止杂草，应在冬季和夏季种植各种豆科绿肥，深翻入土，这是一种有效的改土措施。

2. 结果树施肥　柑橘进入结果期后，其栽培目的主要是不断扩大树冠，同时获得果实的丰产和优质。这时施肥也就是调节营养生长和生殖生长的平衡，既有健壮的树势，又能丰产优质。为了达到此目的，必须按照柑橘的生育特点及吸肥规律，采用合理施肥技术，科学施肥。

柑橘在年生长周期中，抽梢、开花、结果、果实成熟、花芽分化和根系生长等都有一定的规律，施肥一定要结合生长发育阶段，还应考虑土壤、气候、品种、砧木、树势、产量和肥源等进行，其主要施肥期为：

(1)花期肥　花期是柑橘生长发育的重要时期，这时既要开花，

又要抽春梢。花质好坏影响当年产量，春梢质量好坏既影响当年产量，又影响翌年产量。因此，施花前肥是柑橘施肥的一个重要时期。为了确保花质良好，春梢质量佳，必须以速效化肥为主，配合施有机肥。一般在2月下旬至3月上旬施肥，约占全年施肥量的30%。

（2）稳果肥　稳果期正是柑橘生理落果期和夏梢抽发期，这时施肥主要目的在于提高坐果率，控制夏梢突发。为了多坐果，控制夏梢突发，要避免在5~6月大量施用氮肥，否则刺激夏梢突发，引起大量落果，影响当年产量，因此一般不采用土壤施肥。为了保果，多采用叶面喷施0.3%尿素溶液+0.2%磷酸二氢钾溶液+激素（激素浓度因种类而异），10~15天喷1次，喷2~3次能取得良好效果，约占全年施肥量的5%。

（3）壮果肥　柑橘在这个时期的生长发育特点是果实不断膨大，形成当年产量；抽生秋梢，秋梢是良好的结果母枝，影响翌年花量和产量；花芽分化，一般9月下旬开始，直到翌年开花，因各地气温不同，时间略有差异，花芽分化的质量直接影响翌年的花量和结果。因此，壮果期是柑橘施肥的又一重点时期。为了果大，秋梢质量佳，花芽分化良好，必须以速效化肥为主，配合施有机肥，时间一般为7月至8月上旬，约占全年施肥量的35%。

（4）采果肥　柑橘挂果期很长，一般为6~12个月，因此消耗水分、养分很多，树势易衰弱。为了恢复树势，继续促进花芽分化，充实结果母枝，提高抗寒力，为翌年结果打下基础，在采果后就必须施肥。此时（10~12月）因气温下降，根系活动差，吸收力弱，应以有机肥为主，大量施用有机肥，配合施适量的化肥。时间一般为10月下旬至12月中旬，施肥量约占全年施肥量的30%。除果实挂树贮藏，或晚熟品种可采前施肥外，否则采前不宜施肥，特别是氮肥，会严重影响果实的耐贮性，一般贮藏1~2个月腐烂率高达15%~22%。

由于各地气候、品种、土壤、栽植方式等不同，施肥期和施肥次数略有差异。如有些柑橘区，柑橘密植，墩小、根浅，气温高、蒸发大，多采用勤施薄施。花多、果多、梢弱、叶黄和受到灾害的植株，可随时补施肥料；结果很少而新梢很好的植株，可以少施1～2次，以抑制营养生长过旺，防止翌年花量过多或花而不实；早熟品种应提早施肥，晚熟品种可延迟施肥，符合柑橘发育对营养的要求；夏季干旱时，可配合抗旱灌水施肥。施肥次数全国统计一般为3～6次，推行3～4次。在施肥方法上，要因树而异，幼树挖环状沟施肥，成年结果树多挖条状沟施肥，梯田台面窄的果树挖放射状沟施肥。沟的深度：追肥宜浅，挖10～20厘米；基肥宜深，挖30～40厘米。

四、实例分析

1. *沙地土壤保肥差，肥后大水渗漏大*　四川广元市有一个果农的橘园建在河滩地上，采果后施越冬肥时，用的是尿素和复合肥，每株树施用1千克，用后就浇水。这种施肥方法有不当之处，河滩地土壤沙质大，有机质含量普遍较低，土壤的保肥能力较弱，单施化学肥料，浇水后肥料溶解，肥液会很快地下渗到底层，尤其是尿素更容易渗漏，使根系难以吸收到养分。建议这类土壤施肥，化肥一定要结合有机肥施用，先用有机肥垫底或与其混合后施用，这样可减轻化学养分的流失；再者虽然一般要求越冬肥用量要达到全年总用量的50%～60%，但沙质大的土壤还是应遵循多次少量的原则，越冬肥不宜过多。

2. *柑橘忌氯易慎用，氮肥过多也不行*　2009年，在柑橘成熟季节，陕西汉中一个橘农电话咨询，反映他的柑橘几年来亩产量一般，但色泽、口感还不错，可今年柑橘青果多、不甜，而邻近的同龄同品种的果园都较他的要好，怀疑是施肥出了问题。他是春季每株树用0.5千克尿素，壮果肥每株树用0.5千克尿素和0.5千克氯化钾，问是否由于施用含氯的钾肥造成的。笔者分析出现这种情况的原因，首先是他提到的氯化钾，虽说柑橘是忌氯作物，实际柑橘还是需要一定氯元素的，如果缺氯时会造成植株生长不良，下部叶片尖端出现凋萎或失绿，甚至坏死，由局部遍及全叶，根细且短，侧根少。但氯离子多会促进碳水化合物的水解，降低柑橘的含糖量，也会使橘皮增厚，降低商品性。所以生长后期应少用或不用含氯肥料，一旦

施用量大，可利用灌溉或雨淋将一部分氯离子淋至土壤深处，以减少其危害。二是施肥营养不平衡，柑橘需要氮、钾较多，需要磷少。但从反映的情况看，氮肥用量相对来说偏大，氮多不利于柑橘着色；需要磷素较少，但缺乏也会出现不良症状，表现在果实为皮厚而粗，未成熟前易变软，落果严重，没有脱落的果实呈畸形、味酸、品质较差。所以，在施肥中要相应地补施一些磷肥，同时要多施一些有机肥，既可增加土壤有机质，也可补充一些中微量元素。三是除果农叙述的两个时期外，在柑橘采收后，要施一次肥，这对恢复树势、促进花芽分化、充实结果母枝都有好处。此期用肥要以有机肥为主，可适量配施全营养复合肥。

3. 复合肥料水溶性差，水冲施用隐患大　重庆万州一些果农习惯把肥料撒施地表后浇水，或者把肥料溶于水浇灌，对一些水溶性很差的复合肥也采用搅拌后随水浇灌果园。这两种方法都不妥当，一是撒施地表，多数养分尤其是不易溶解的复合肥养分积累在表层土壤，容易造成根系上浮，干旱高温稍久，根系易受伤而导致树体受旱、叶片卷曲；冬季严寒来临，根系容易发生冻害，衰弱树势。二是很大一部分肥料会裸露于地表造成浪费。建议果农不论何种肥料不要采用这种方法施肥，水溶性好的尿素会快速下渗到土壤深层而难以被根系吸收，磷肥由于表层土壤固定而难于被下层根系利用，何况多数肥料不是速溶性的，会淀积在表层而损失。

4. 投影边缘施肥好，小外大内肥效高　四川江油市一个橘农春季果树穴施追肥，树冠已有2米多，但他挖的穴距树干只有50厘米左右。我们知道果树吸收水分、养分的毛细根多数分布在树冠投影的边缘附近，所以在施肥时，穴施不能太近，近易伤害大根，还不利于养分吸收。幼树可以在树冠投影的外侧边缘施肥，成年树可在树冠投影边缘的内外两侧挖穴施肥，而且穴不可过少，一般据树大小，开挖4～6个穴为宜。肥料也要与土壤混合后进行覆土，防止肥害或挥发。

5. 水浅根浅施肥深，树难吸肥没精神　四川一个橘农反映其橘树长势不好，询问其管理情况后，没有发现什么大的技术问题，到果园一看才发现，他的果园处于地势低洼之处，地下水位高，虽然柑橘根系较其他果树喜欢较高湿度，但刨开他的树下土壤看，不像多数橘园那样根系大部分分布在40厘米土层内，而是在20厘米以下几乎不见细小根系，多分布在10厘米左右。这是由于耕层下部湿度大、孔隙度小、缺氧不利于根系生长所致，这类果园由于根系范围小，且夏天易受涝害，冬天易受冻害，对果树健壮生长原本不利，而他施肥还是像正常果园那样施在20～40厘米，这样果树根系就很难吸收到养分，建议他今后注意果园排涝和增施有机肥，施肥深度要浅一些，施到15厘米左右就行，而且要多次少量，防止肥害。

第九节 香蕉施肥技术

一、营养及需肥特性

香蕉是多年生大型常绿草本作物，根系发达而分布较浅，茎叶庞大，生长迅速，生长量大，产量高，决定了它的周年性好肥和对肥料敏感的特性。

香蕉需肥量大，尤其需钾更多，是典型的喜钾作物，其次是氮，对磷的需要量较小。此外香蕉对镁、钙两种元素也有较高需求。氮素对香蕉前期生长，形成较大植株及树冠、促进早开花有很大的影响，是形成产量的前提。钾素对香蕉影响最大的是果穗，供给不足将影响碳水化合物的转化和转移，影响果指数和把数的分化。钾素还是合成假茎、叶纤维的必要成分。不同品种对氮、磷、钾养分的吸收比例大致相同，平均为1∶0.19∶3.72。高干的品种，钾、氮比低；低杆的品种，钾、氮比高。每生产1 000千克香蕉对氮、磷、钾的吸收量与株型有关，例如：中干品种每生产1 000千克香蕉吸收纯氮5.9千

克、纯磷 1.1 千克、纯钾 22 千克;矮干香蕉每生产1 000千克吸收纯氮 4.8 千克、纯磷 1.0 千克、纯钾 18 千克。

香蕉对氮、磷、钾的吸收量随着生长发育的进程持续增长,至果实膨大期达到最大值。以吸收比重来说,营养生长期占 20% 左右,孕蕾期占 40% ~50% ,果实发育期占 30% ~40% 。但在不同的生长发育阶段,对不同养分的需求量有较大差别。营养生长期,以营养生长为主,植株的吸收量以氮为最多,在保证钾肥的情况下,宜多施氮肥和磷肥。孕蕾期(花芽分花期至抽蕾前),是营养生长和生殖生长并进阶段,植株生长加快,花芽进行分化,假茎长粗、长壮,故对钾的吸收量最大,足够的钾肥可促进碳水化合物的转化、运输和贮藏。与此同时还要适量多施氮肥,以满足营养生长和促进育蕾。果实发育期(抽蕾至收获),营养生长减弱,从而对氮、磷吸收量减少,但由于开花、坐果和果实膨大,对钾的吸收相对有所增多,考虑到吸芽也需要一定的营养来促进生长,此阶段应以氮、钾肥兼顾的原则施肥。

肥水供应充足与否,香蕉的叶片反应最为敏感。肥水供应不足时,叶片显著变小,抽生速度变慢,叶色变黄,易早衰凋萎,假茎和叶柄变黄、纤弱、无光泽。叶片生长数常对应于一定的生长发育阶段,因而看叶施肥和依据叶片数量施肥在生产上有一定参考价值。香蕉产量的高低和品质的优劣也具有明显的正相关。缺肥不仅延迟香蕉的结果期,降低产量,也会使果实品质显著下降。因此,肥水充足是香蕉增强抗性和早结丰产优质的基本保证,必须施用充足的肥料,满足其生长结果的需要。

二、施肥量的确定

香蕉施肥量的多少受多种因素影响,既取决于本身的需肥特性,也依土壤、气候、种植制度、种植目的不同而异。

通常每生产 1 000 千克香蕉,植株需吸收氮 5 ~6 千克,磷 1 千克,钾 18 ~23 千克。这些养分土壤可以供给一部分,大部分需要施肥补充。不同地区土壤差别较大,我国蕉区多为降雨量大,养分淋失量严重的华南红壤土,施肥量应多些。科学施肥量应是进行大量的田间试验,通过生产实践反复校正而得。我国各省(自治区)的蕉园施肥量见表7-10。

表7-10　我国香蕉主要省(自治区)三要素施用量与比例

省(区)	每亩施用量(千克)			氮:五氧化二磷:氧化钾
	氮	磷	钾	
广　东	51.4	27.0	86.4	1:0.53:1.86
广　西	56.8	22.5	54.4	1:0.40:0.96
福　建	37.8	16.3	25.4	1:0.43:0.67
台　湾	20.6~27.5	3.4~4.6	41.3~55.0	1:0.33:2.85

从表中可知,我国各省(自治区)蕉园三要素间比例大致为1:0.5:(1~2)。

三、施肥技术

1. 施肥关键时期　香蕉18~40片叶期的生长好坏,对香蕉产量与质量起决定性作用。

(1)营养生长中后期(18~29片叶期,春植植后3~4个月,夏秋植植后5~7个月)　这时对肥料反应最敏感,重追肥可促进植株早生快发,培育成叶大茎粗的蕉株,进行高效的同化作用,积累大量有机物质,为花芽分化奠定基础。

(2)花芽分化期(30~40片叶期,春植植后5~7个月,夏秋植植后8~11个月)　此时正处于香蕉营养生长转入生殖生长的花芽分化阶段,需大量营养供给,重追肥可促进花芽分化过程,使陆续抽出的11片功能叶得以最大限度地进行同化作用,制造更多的有机营养,为形成穗大果长的花蕾提供充足营养。实践证明,促进花芽分化以早施重追肥为好,尤以29片叶期前施效果最佳。如遇正造蕉的植株,每年春暖后已进入26~29片叶期,即将花芽分化,上年越冬与当年早春重追肥,能促进蕉株越冬后迅速恢复生长,及时制造大量有机营养,满足幼穗分化的需求。

2. 不同香蕉园类型施肥技术　施肥应根据不同蕉园类型和香

蕉生育期施用适宜的肥料品种与配比。当年新植蕉园和宿根蕉园的施用时期如下：

(1)新植蕉园的施肥　新蕉园依定植期不同而异。在华南地区，香蕉一年四季均可定植，但以春植为主，秋植其次，夏冬植较少。香蕉种植一次可多年收获，所以不论其种植季节如何，施基肥是重要的环节。定植后，追肥原则是“薄肥勤施，关键期施重肥”。

1)春植蕉园施肥　春植蕉种植后，20 天左右即开始长新根，这时要进行第一次追肥，若管理得当，2～3 月定植，9～10 月抽蕾，翌年 2～3 月可收“雪蕉”，品质和产量都很理想。若用苗高 1 米以上，已抽有 9～10 片叶的大吸芽种植，通过施肥促叶抽蕾，当年 8～9 月即可开花，12 月可采收蕉果。如果生育进度显示不能赶上收“雪蕉”时，则在夏秋要适当控制肥水，以免在冬季抽蕾开花而受冻害。

2)秋植蕉园施肥　秋植蕉种植后距冬季低温期尚有 3～4 个月，要求入冬前苗高达 1～1.2 米时，翌年夏季才能开花结果。因此，早春回暖后应抓紧施足“促苗肥”，到花芽分化前重施一次“促花肥”，到抽蕾时再施一次“促果肥”，采实后再施一次“促芽肥”。花芽分化是施肥的关键时期，以此为临界期，此生育前期施肥量应占总量的 70%～80%，后期仅占 20%～30%。

(2)宿根蕉园的施肥　宿根蕉园(也称为旧蕉园)，占蕉园面积的比重大，施肥期也较复杂。宿根蕉又分宿根单造蕉与宿根多造蕉。

1)宿根单造蕉施肥　一般在冬季蕉苗管理的基础上施肥，开春后于 2 月、4 月、7 月、11 月施 4 次肥。

2)宿根多造蕉施肥　一般要施 5 次肥。第一次于 2 月施促苗肥，此期是早春回暖后新根新叶速长期，需要充足养分促其早生快发。第二次于 4 月施促花肥，此期气温回升快，植株进入生长量最大，生长速度最快的旺长期，根系吸收养分快而多，促进有机营养大量积累，为花芽分化提供足量的营养物质。因此，这是施肥的又一关键时期。肥料用量要大，为培养健壮植株，提高产量奠定基础。

第三次于6～7月花序分化时施足促果肥，花序分化后约1个月即抽蕾、开花，这次施肥也应加大用量，为提高单果重提供充足营养。第四次于母株蕉果采收前施足芽肥，以促进吸芽的萌发和速长，以代替原母株。第五次于母株收获后施过冬肥，以增强吸芽的抗寒能力，为来春蕉苗的茁壮成长打好基础。因此，宿根蕉施肥重点是要保证花芽分化和果实发育期对养分的需求，即施好和重施促花肥和促果肥。

3. 施肥特点

(1)勤施薄施重点施肥法　在高温多湿季节，正是香蕉旺盛生长期与花芽分化期，此期需肥量大，但施于根部的肥料易流失和分解。因此，要勤施薄施，并结合重施，才能充分发挥肥效。

(2)以有机肥为主，有机无机肥料配合施用　实践证明，有机肥可改良土壤结构，调节土壤水、肥、气、热理化性状，有助于香蕉根系生长发育。化肥肥效迅速，但肥劲短而不稳，有机肥与化肥配合施用，可使蕉株健壮，抗生性强，生长快，早结果，品质优。

(3)施肥深度与位置　其原则：一是肥随芽走，即施在萌芽的位置；二是经常轮换施肥位置，并施于根群活动区。春秋季深开穴，夏季可浅开穴，肥多大穴，肥少小穴，施后覆土踏实，防止流失。

四、实例分析

1. 基肥施得少，十成产量八成了　春季在香蕉种植的季节，了解到一户蕉农没有施基肥就栽植了蕉苗，问他为啥不上基肥，他说栽植10天左右就要淋肥水，此后不断施肥，一生要施十几次肥，完全能够满足香蕉对养分的需要，施不施基肥问题不大。这种做法很不科学。基肥又叫底肥，是在作物播种或移植前施用的肥料。它主要是供给作物整个生长期中所需要的养分，有利于培养作物健壮根系和为作物生长发育创造良好的土壤条件，是作物一生健壮生长的基础和关键。但由于基肥多用迟效性的农家肥料和少量化学肥料，在作物旺盛生长时往往满足不了对养分的迫切需求才需要追肥，香蕉一生生长量大而旺盛，也就需要更多次数的追肥来补充养分。所以

说基肥是基础,追肥是补充,只有基肥施足,才能起到事半功倍的作用,万不可本末倒置,重视追肥而忽视基肥。

2. 阶段营养各不同,一种肥料行不通　在广西走访蕉园时,一蕉农说他全年都用氮、磷、钾各含15%的复合肥,认为这种复合肥养分全面,能满足香蕉需要。生产中不少蕉农对平衡施肥有误解,简单地认为有氮、磷、钾就平衡了,且不说没有中微量元素,即使是三要素之间香蕉生长发育也对其含量有一定比例要求。我们知道香蕉生长对三要素的吸收比例为1∶0.5∶(1～2),而且在不同生育阶段,需肥比例也不同,营养生长期以营养生长为主,需要较多的氮肥和磷肥;孕蕾期(花芽分花期至抽蕾前),是营养生长和生殖生长并进阶段,对氮、磷、钾都有较大需求,应该均衡地补充养分;果实发育期(抽蕾至收获),营养生长减弱,果实生长加速,需要更多的钾肥。也就是说只有在孕蕾期,即香蕉定植第二个月后,施用氮、磷、钾各15%的复合肥比较合适。其他时期就要相应调整三肥比例,前期适当多施氮肥,后期适当多施钾肥更为合理。

3. 香蕉需要钾肥多,只用氮、磷少结果　广东珠江三角洲一些蕉农习惯于施用氮肥和磷肥,最多的每亩施用纯氮和五氧化二磷分别高达65千克和18千克,而钾肥用量很少,这些蕉园后期表现为老叶出现橙黄色失绿,提早黄化,保留青叶少,抽蕾迟,果穗的梳数、果数较少,果实瘦小畸形,是典型的缺钾症状,严重影响了香蕉的产量、质量。香蕉对钾的需要较其他果树更为突出,氮、磷、钾三要素吸收比例为1∶0.5∶(1～2),而这些蕉园氮、磷多,钾少,完全不符合香蕉的需肥规律,施入过多的氮、磷肥既无法被香蕉及时吸收利用,还随降水进入地下水或流入江河污染环境。

4. 撒施肥料不覆土,浪费肥料又搭工　撒施肥在一生施肥次数较多的香蕉生产中较为常见,省工省力。撒施就是把肥料撒于地面上,一般在下雨过后、土壤还较湿润时进行,撒后要进行土壤覆盖。晴旱天土壤干燥不宜撒施,若晴旱天撒施一定要先把地面淋(灌)湿,施后淋1次水更好,以便肥料溶解渗入根层被吸收利用。但在生产中发现一些蕉农在晴旱天撒施肥料，撒后既不淋水，也不覆土，施用的肥料起不到作用，经风吹日晒或后期雨水冲刷，大部分挥发、流失，肥料利用率降低，所以施肥一定要注意覆土。

5. 春、秋、冬肥沟施好，夏季沟施应谨慎　沟施，在距蕉株 30 ~ 100 厘米处的两侧开挖宽 15 ~ 25 厘米、长 35 ~ 50 厘米、深 10 ~ 15 厘米的弧形沟施肥，然后覆土。这样的施肥方法利于根系与肥料的接触、吸收，减少肥料的挥发和雨水淋失，提高肥料利用率，在春、秋肥及过寒肥的施用中效果很好。但在夏季沟施应当谨慎，在很多蕉园看到蕉农开沟施肥伤了根系，因为 5 ~ 7 月间，蕉株细根遍布全园并露出地面，开沟不注意就易伤细根，此期可打洞施、淋施或撒施效果较好。